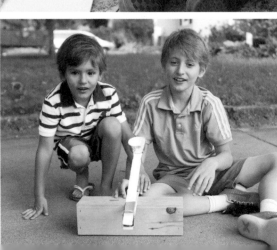

STEAM
科學好好玩

史萊姆、襪子離心機、野餐墊相對論⋯⋯
隨手取得家中器材，
體驗 **12大類跨領域學科**，玩出科學腦

Outdoor Science Lab for kids:
52 Famly-Friendly Experiments for the Yard,
Garden, Playground and Park

目　錄

歡迎來到戶外實驗室

關掉電子產品的螢幕，拉開落地紗門，走進寬廣美好的戶外，置身大自然的科學實驗室，這裡充滿無限可能性，歡迎所有人徜徉探索。無論大晴天或雪花紛飛，總有新事物等待我們發現。

撰寫這本書就像一場歷經季節變換的冒險之旅，從積雪即將消融的冬末春初，到樹葉換上繽紛顏色的夏末秋初。我和孩子在炎熱的夏季午後到枝葉扶疏的森林健行，用玉米粉畫出溼壁畫彩繪人行道，在梯子上固定漏斗和水管，把中空床墊變成水床。路過的鄰居好奇的停下腳步，看看

我們在做什麼。在起霧的夜晚，我拉著全家人陪我走一趟月下生態健行。

進行五十二堂實驗遊戲時，我們發現，那些會把廚房搞得一團糟的實驗，其實非常適合轉移陣地到室外空地進行，而野餐桌很適合當成調製護唇膏和彩色珠珠球的實驗桌。我家孩子和他們的朋友一起吹超級大泡泡，玩得不亦樂乎，還在後院做出源源不絕的彩色史萊姆。在樹木苔蘚裡尋找水熊蟲難度相當高，但找到之後，就能在顯微鏡下觀察「地表最強生物」如何緩步爬動。

有些實驗非常適合年紀小一點的孩子，例如製作可以放進兒童戲水池的鋁箔紙船，念小學高年級和中學的孩子就比較喜歡參與實作的實驗，像是抓蚯蚓實驗的成果大受歡迎，超冰水的變化玩法之多，也出乎我們意料。我們也發現，在戶外做實驗時，準備放大鏡和實驗紀錄簿，就能讓探索過程更加豐富充實。

戶外活動也有益身體健康──畢竟忙於搜尋、採集和做實驗時很難呆坐不動。每回朝遠方張望的時候，還可以運動眼部肌肉。用放大鏡觀察苔蘚，或是赤腳走入淺水，都能帶來嶄新的視角，幫助我們和大自然重新建立連結。

有時候得三催四請，才能說動孩子出門，但這樣煞費苦心是值得的。世間最美好的體驗，莫過於在奧妙的地球上好奇探索，感受春夏秋冬的氣息和吹拂髮間的微風。無論是在自然生態園區裡待上整天盡情探索，或是在公園遊樂區玩幾個小時，或只是在家門口玩耍一會兒，本書都能帶

來靈感，引領你發想出最適合你們家的趣味親子戶外實驗。

如何使用本書

本書介紹五十二種可在戶外進行的趣味科學實驗，基本上所有實驗都設計成適合在戶外進行，但其中有些實驗會有幾個步驟較適合在室內桌面上進行，例如用顯微鏡觀察池塘裡的水生生物。

有些實驗會涉及到不同生態系與棲息其中的動植物，必須留意季節變換，依照時節安排。儘管多數實驗適合在比較暖和的季節進行，有一些實驗可以在下雪天進行，也有一些實驗仍可在雨天或冬季待在室內進行。

每項實驗最後都有一篇淺白易懂的科學原理解說，介紹相關專有名詞和科學概念。為了讓科學探索變得簡單可親，這些實驗全都設計成可以像看食譜煮菜一樣，按部就班就能進行，並分成以下欄位：

- **器材**
- **注意事項**
- **實驗步驟**
- **科學小知識**
- **創意挑戰題**

「器材」欄列出進行每種實驗時，需要準備的所有材料與器具。「注意事項」提示一些進行實驗應具備的常識。「實驗步驟」是科學專有名詞，是指實驗中所有步驟的詳細說明。「科學小

知識」以簡明易懂的方式解說每個實驗的原理。「創意挑戰題」提供延伸探索、實驗變化以及更多好玩的點子，最理想的是能引導親子一起腦力激盪，提出更多問題和想法。

對孩子來說，實驗的過程和結果同樣重要，重點是讓他們能夠無拘無束的沉浸在探索中。在戶外做實驗要測量、挖舀、攪拌，要挖溼泥巴，甚至弄得渾身溼答答，但都是戶外科學實驗的一部分。當孩子赤腳踩在沁涼的溪水裡採集標本，就能親身感受與大自然的連結，在水邊做實驗會讓他們留下無比深刻的印象。

做實驗有幾種經常用到的器材，包括放大鏡、封箱膠帶、雙筒望遠鏡、漏斗，以及一臺功能最基本的顯微鏡。

我和孩子一起做過本書中所有實驗，基本上只要按照步驟進行，通常都可以很順利完成。要注意的是，有些實驗可能要反覆練習、稍微調整和隨機應變。探索大自然的時候，保持耐心總是很有幫助。比起一切平順完美，其實犯錯和解決問題更富有教育意義，別忘了科學史上有許多失誤，後來都成為偉大發現的開端。

準備一本實驗紀錄簿

科學家會用筆記本和紀錄簿，詳細記錄研究和實驗中的發現。科學方法包括提出問題、仔細觀察，以及針對問題進行實驗。實驗紀錄簿可記錄每次的科學歷險，會發現做實驗的樂趣無窮。

找一本線圈筆記本或作文簿，或將一疊空白紙釘在一起，在封面寫上名字，就成了實驗紀錄

簿。本子裡要有一欄「田野調查紀錄」，用來記下觀察各種生物行為的心得。進行田野調查時，在本子裡記下日期、時間、地點、氣溫、天氣和土壤條件。實驗紀錄簿最後幾頁可以當成大自然觀察手記，記下在戶外做實驗時看到的植物、動物和岩層。

每次做實驗時，都遵循科學方法寫出以下的資訊：

1. 實驗從什麼時候開始進行？在紀錄簿最上方寫下日期。

2. 想要看到或學到什麼？提出問題，例如：將小蘇打粉和醋放進瓶子裡混合，結果會是什麼？

3. 你認為結果會是什麼？試著建立假說。假說是指針對某種觀察、現象或可以進一步研究加以驗證的科學問題，提出一套可能的解釋。換句話說，就是根據已經知道的，去推想可能的結果。

4. 進行實驗去驗證假說後，得到什麼結果？寫下文字、畫圖或拍照記錄觀察後的結果，包括測量結果和氣溫等資訊。將照片貼在紀錄簿裡。

5. 實驗過程中的一切，都和先前推想的一樣嗎？根據蒐集的資料、實驗數據做出結論。實驗結果符合你推想的結果嗎？是否能支持實驗前的假說？

完成書中介紹的實驗之後，想想還有什麼方法可以針對先前提出的問題加以實驗，試試看「創意挑戰題」提到的點子，或根據先前的實驗再去設計新的實驗方法。有什麼方式可以將學到的應用在周遭環境？這些想法都可以寫在實驗紀錄簿中。

單元 1
小溪邊採集趣

地球上的生物多樣性令人嘆為觀止，小至用顯微鏡才看得到的浮游生物，大到以浮游生物為食的巨大鯨魚，無論眼光落在什麼地方，都會發現生物的蹤跡。

有些生物只要複製自己的DNA再分裂就能繁殖，其他生物則發展出比較複雜的方法來繁衍後代。有些動物在生長過程中經歷變態的階段，外形發生戲劇化的轉變，也會從原本的棲息地遷移到另一個不同的棲息地。例如水裡的蝌蚪變成青蛙後會遷往陸地，而樹上的毛毛蟲會展開翅膀，變成在空中飛舞的蝴蝶。

微小的緩步動物因足爪像熊而暱稱為「水熊蟲」，牠們不像蝌蚪或毛毛蟲在成長時會變態，卻是極端環境裡的求生專家，可以忍耐極高溫和極低溫、輻射線，甚至也能生存在外太空的嚴苛環境中。

從池塘或溪流裡舀起的每一匙沙土或溼泥裡，都充滿各式各樣的生物。無論是凶猛的蜻蜓幼蟲，或是會用大螯夾人的螯蝦，藏在礫石和斷枝下方的生物包準讓你驚奇不斷。

藉由細心採集和觀察，我們得以一窺形形色色與人類在地球上共存的生物。進行本單元的實驗時，別忘了每種生物體內都有屬於此種生物特有的微生物群，所以實驗結束後，請務必回到**原本採集的地點**放生，避免在不同生物族群之間傳播疾病。

奇妙的大型無脊椎動物

器材

→ 孔眼很細的廚房濾網勺或
紗網餐罩

→ 內裡是白色的大碗或托盤

→ 孔眼較大的濾網或紗網
（非必要）

→ 塑膠湯匙、鉗夾或鑷子，
用來夾起無脊椎動物

→ 碗或水桶

→ 空的製冰盒

→ 放大鏡

→ 生物檢索表

注意事項

— 切勿讓幼童獨自靠近水邊。

— 協助幼童採集無脊椎動物。

— 尋找容易下水的淺灘處。

圖4：用放大鏡觀察無脊椎
動物。

用廚房濾網勺採集生長在池塘、湖泊或溪流裡的淡水無脊椎動物，加以分類和鑑定。

實驗步驟

1 用孔眼很細的廚房濾網勺，從水邊舀起泥沙（圖1、圖2）。

2 如果沒有準備第二層濾網或瀝水盆，可將採集的泥沙標本直接倒進內裡是白色的大碗或托盤裡，觀察泥沙裡的動靜（圖3）。

3 如果有紗網或孔眼較大的濾網，先架在大碗或托盤上，再將泥沙倒在上面。有些無脊椎動物會從孔眼裡直接掉進大碗，將過濾剩下的泥沙倒入另一個內裡是白色的容器。

4 用湯匙、鉗夾、鑷子或直接用手指，從泥沙標本裡輕輕撈出無脊椎動物。將比較大的無脊椎動物，例如蝸牛、蚌蛤和螯蝦，放在裝了一些池水、湖水或溪水的碗或水桶裡。如果有比較小的無脊椎動物，可以分門別類放入製冰盒。

5 用放大鏡觀察無脊椎動物。記錄每隻各有幾隻腳，還有腳的位置。在紀錄簿裡畫出來。記錄這些動物怎麼移動，或任何你覺得不尋常的特徵（**圖4**）。

6 查找大型無脊椎動物的檢索表，看看能不能辨識出採集到的是哪種生物。

7 記錄完成，將無脊椎動物放回原先的採集地點。

圖1：舀起一些溼泥。

圖2：舀起更多溼泥。

圖3：將泥沙倒入碗裡。

創意挑戰題

1. 你住在海邊嗎？到海浪沖刷過後的沙灘上，試著採集並觀察無脊椎動物。

2. 到溪流或其他流動的活水旁，用撈網採集無脊椎動物。和你在其他水邊溼泥裡找到的生物一樣嗎？

3. 挖起一些泥土，再用紗網過濾，你發現哪些生活在泥土中的無脊椎動物？

生物小知識

大型無脊椎動物或許沒有一身「錚錚鐵骨」，但還是可以孔武有力，像是蜻蜓的幼蟲甚至能獵捕蝌蚪和小魚。

顧名思義，大型無脊椎動物是指沒有脊椎，而且不必使用顯微鏡就可以看到的動物。蚌蛤、蝸牛、蠕動的蟲和螯蝦都包括在內，大多是水生昆蟲。水生昆蟲在生態系裡扮演很重要的角色，牠們吃藻類和植物，本身則是魚類等在食物鏈層級中比較高的肉食或雜食動物的食物。

有些科學家會長期調查大型無脊椎動物，因為這類生物的多樣性和數量可以作為水質和生態系健康狀態的指標。

尋找水熊蟲

器材

→ 預先從樹上輕輕刮取苔蘚和地衣

→ 礦泉水

→ 培養皿

→ 顯微鏡

注意事項

— 採集足夠的苔蘚和地衣。

— 幼童需要幫助才能順利找到水熊蟲,但是他們一定會喜歡透過顯微鏡觀察牠。

— 如果第一次沒辦法找到水熊蟲,別氣餒。再接再厲,你會找到牠的!

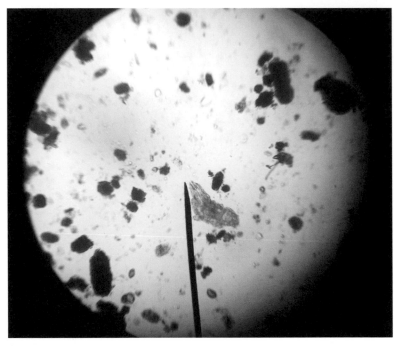

潛伏在苔蘚和地衣裡的微小緩步動物。

圖5:緩步動物長得有點像毛毛蟲或樣子很怪的豬。

實驗步驟

1 到戶外散步,尋找長在樹上的苔蘚和地衣。苔蘚大多是綠色,呈絲絨狀,地衣看起來像樹皮上長了一層多皺褶的硬皮,呈藍綠色或藍灰色。輕輕將苔蘚和地衣刮到容器裡帶回家(圖1)。

2 如果苔蘚和地衣乾掉了,倒入礦泉水讓水蓋住一部分苔蘚和地衣,先靜置一晚。如果苔蘚和地衣很溼軟,倒入礦泉水讓水蓋住一部分,浸泡5到10分鐘即可(圖2)。

3 準備好要尋找緩步動物時,將苔蘚和地衣從水中輕輕取出,搖晃一下讓其中的水分落在培養皿裡,之後再擠壓苔癬,把多餘的水分搜集在培養皿中,最後形成一灘淺水(圖3)。

4 將標本放在顯微鏡下觀察,調到最低倍率。一開始先等待數分鐘,讓培養皿裡所有物體都沉住不動,再找找看有沒有呈粉紅色、略微透明的生物在移動(圖4)。

圖1：尋找像照片中的地衣，及長在樹皮上的苔蘚。

圖2：將苔蘚浸泡在水裡。

圖3：搖晃培養皿，壓擠出苔蘚裡的水分。

圖4：透過顯微鏡尋找緩步動物。

5 緩步動物和其他生物的差異在於有四對腳，長得有點像毛毛蟲或樣子很怪的豬（圖5）。

6 發現緩步動物之後，將牠移到視野中心，調高放大倍率以更仔細觀察。

7 試試看拍下緩步動物的照片或影片，或畫在實驗紀錄簿上。從第141頁的影片連結，可以觀看我們找到的其中一隻緩步動物。

創意挑戰題

採集苔蘚和地衣時，哪些地方藏了比較多緩步動物？地面還是樹上？驗證你的假說，在實驗紀錄簿裡記下結果。

生物小知識

「緩步動物」是指走動緩慢的動物，也叫做「水熊蟲」或「熊蟲」。緩步動物神奇又強悍，幾乎無所不在，在淡水、鹹水和陸地上都可發現牠們。陸生緩步動物多半住在苔蘚和地衣裡，喜歡潮溼的居住環境。

如果棲息地變乾燥，緩步動物也會跟著變乾。慢慢減去全身百分之九十七的體重，變成一個乾殼，進入稱為「桶狀」的假死狀態。這種「隱生狀態」下，緩步動物可說是水火不侵、百毒不害，無論極熱、極冷、化學藥品，甚至外太空深處的輻射線，都沒辦法殺死牠們，只要再加水就能讓牠們復活。

緩步動物身長只有半毫米，得用顯微鏡才能看清楚。牠們與其他生物有非常大的差異，因此在生物學分類上獨立列為一門，介於節肢動物門（例如昆蟲）和線蟲門（很微小的蟲）之間。

蝌蚪變身術

器材

→ 瓶罐等可裝水的容器

→ 抓蝌蚪用的撈網或水桶

→ 供蝌蚪棲息的較大容器

→ 放入礦泉水裡煮沸5分鐘後切碎的萵苣葉（蝌蚪飼料）

注意事項

— 避免讓幼童獨自靠近水邊。

— 養蝌蚪絕不能用自來水，裡頭的氯會殺死蝌蚪。

— 抓蝌蚪前，就要確認能夠回到原地點放生。務必遵守當地自然資源相關法規，回到採集原地點放生，以避免傳播疾病或引入非原生種動物。

圖2：將蝌蚪放入不含氯的水裡。

小蝌蚪大變身
長成青蛙或蟾蜍。

實驗步驟

1 確認當地與捕捉蝌蚪有關的法規。看看能不能在水窪、泉水、湖泊或池塘裡找到蝌蚪。如果當地法規禁止捕捉蝌蚪，可以定時回到蝌蚪的自然棲地，觀察牠們的生長狀態。

2 如果發現池裡有蝌蚪，用容器裝一些湖水或池水。用撈網輕輕撈起幾隻蝌蚪，小心的放入容器裡。再裝一些水，也撈一些藻類，養蝌蚪時可用來維持人工棲地的健康（**圖1**、**圖2**）。

3 找一個有蓋子或是可用紗網蓋住的大型容器，確定要有保持空氣流通的氣孔，讓蝌蚪可以呼吸。用搜集來的水和藻類幫蝌蚪布置人工棲地，裡面要有像是露出水面的岩石等高起的區域，讓長大成熟的青蛙或蟾蜍可以跳到上面（**圖3**）。

4 將蝌蚪放入人工棲地，每天觀察，需要時可再加水。記得人工棲地裡一定要有高起的乾燥區域。

圖1：輕輕撈起幾隻蝌蚪。

圖3：幫蝌蚪布置棲地。

圖4：回到捕捉蝌蚪的地點，放生青蛙或蟾蜍。

圖5：看看蝌蚪的變化有多大！

5 每隔一兩天，餵蝌蚪一些萵苣葉煮成的飼料。

6 每隔幾天就畫下蝌蚪的樣子。你會發現牠們在變態過程中逐漸長出四肢，尾巴卻消失了。

7 等蝌蚪長大到可以跳出水面，將牠們帶回捕捉地點放生，讓牠們自行覓食（圖4、圖5）。

創意挑戰題

記錄蝌蚪的變態過程，記下牠們最活潑好動和最無精打采的時刻，以及長出後腿、長出前腿和尾巴消失分別需要幾天等細節。每隻青蛙的身體器官都發育得一樣快嗎？

生物小知識

有些動物的成體和幼體分別生活在不同的生態棲位，這可能是一種優勢。蝌蚪住在水裡時，是吃藻類和植物的草食動物，而大多數的青蛙和蟾蜍則在乾燥陸地上活動，吃昆蟲和其他動物，表示成體不會和幼體競爭食物或生活空間。

蝌蚪從卵孵化出來後，就開始進食生長，並經歷稱為「變態」的過程，也就是變化形態。在長成青蛙或蟾蜍的過程中，牠們會長出肺、後腿和前腿，尾巴消失，嘴巴也慢慢變寬。

青蛙和蟾蜍的變態時間長短不同，短的像是小蟾蜍約需兩個月，而體型較大的種類像是牛蛙約需兩年，而且會從小蝌蚪先長成非常大隻的蝌蚪，然後才開始變化形態。

蝴蝶花園

器材

→ 蝴蝶喜歡在上面產卵的植物，例如馬利筋、蒔蘿

→ 裝了些水的杯子或花瓶

→ 鋁箔紙或保鮮膜

→ 大型有蓋容器

→ 若家裡或附近有院子的話，可以準備其他蝴蝶喜歡的植物或當地的植物種子來種在院子裡（非必要）

注意事項

— 抓蝴蝶最好的方法，是用拇指和食指輕輕夾住蝴蝶合起的翅膀。

— 如果非得將蝶蛹從附著的樹枝上移走，先將一段繩線繞在樹枝末梢上綁緊，才將樹枝輕輕移開，然後懸掛在安全的地點。過程中必須非常小心，絕對不能掉在地上。

圖6：在院子裡栽種蝴蝶喜歡的植物。

成為蝴蝶的神奇變化。

實驗步驟

1 研究當地蝴蝶的資訊，看看牠們通常在哪種植物上產卵，查找蝶卵的圖片。在葉片的背側尋找蝶卵和毛毛蟲。蝶卵非常小，只有珠針針頭的珠粒那麼大，顏色通常很淺（圖1）。

2 如果發現蝶卵或毛毛蟲，不要觸動葉片，連同莖梗一起摘下帶回家。多採集一些同種植物的莖梗和葉子回家餵毛毛蟲吃（圖2）。

3 將莖梗插入裝了水的杯子或花瓶裡，用鋁箔紙或保鮮膜將莖梗底部周圍和花瓶緊緊包住，以免毛毛蟲落下來時掉進水裡。將植物莖梗連杯瓶放入較大的容器裡，用紗網之類的蓋狀物蓋住。

4 觀察蝶卵孵化或毛毛蟲長大。當植物枯萎或葉子都被吃光，就要換上新鮮的莖梗（圖3）。

5 每天檢查毛毛蟲的狀態，直到牠倒掛變成蛹。只要持續提供新鮮的植物葉片，牠就能從中獲得所需的水分和營養（圖4）。

圖1：尋找蝶卵和毛毛蟲。

圖2：如果發現蝶卵或毛毛蟲，將整株莖梗帶回家插在水裡。

圖3：觀察毛毛蟲的生長。

圖4：毛毛蟲很快就會結成蛹。

圖5：讓剛羽化的蝴蝶倒掛一段時間。

6 蝴蝶羽化破蛹後，至少一整天都不要打擾牠。蝴蝶必須保持倒掛姿勢，讓體內的水分流入新長出的雙翅（**圖5**）。

7 打開網蓋放走蝴蝶。

8 在院子裡栽種蝴蝶喜歡的植物，期待明年會出現更多的毛毛蟲。如果提供地方讓蝴蝶產卵，甚至可幫助這個物種的繁衍（**圖6**）。

創意挑戰題

每天測量毛毛蟲的身長並記錄成長過程，記下牠從結蛹到長成蝴蝶所需的時間。

生物小知識

野外的帝王斑蝶大約只有百分之五能在孵化之後奇蹟般的羽化成蝶，但是養在居家環境裡，可以大大提高蟲卵長成蝴蝶的機率。

毛毛蟲生長奇快，想像一下體重約3.6公斤的小寶寶只吃植物，在兩週之內長到像一輛水泥攪拌車那麼大，就可以體會有多驚人了。看著蠕動前進的肥短毛毛蟲，先變成好像燈籠的蛹，再變成華麗纖巧的蝴蝶，整個變態過程更是神奇得令人驚嘆。

蝴蝶一次會產很多卵，例如一隻雌帝王斑蝶可在馬利筋上產下四百顆卵。不過牠們會精挑細選繁衍後代的地點，在不同株植物或至少不同葉片上分別產卵，這個行為也說明了植物茂盛的環境對蝴蝶產卵相當重要。

單元 2
露天物理實驗室

發射、一飛沖天！組裝出寶特瓶火箭、加裝保鮮袋降落傘，無疑是航太工程學的最佳入門實驗。後院、自家門口或車庫前的空地上，是驗證基礎物理概念的最佳場地，包括向心力、白努利效應和光學原理。如果對彈道投射有興趣，自製彈射器保證一玩上癮。

彈射器起初是發明作為戰爭武器，最早期的彈射器稱為弩砲，很像巨型十字弓。還有一種彈射器稱為拋石機，具有末端裝設桶子的木造長臂，利用繃緊的繩索提供張力。大型投石機則利用配重物，彈射出足以摧毀城堡和城牆的石彈，對敵方造成最大傷害。士兵會朝敵方要塞的城牆拋射出各式各樣足以致命的器物，包括石頭、點燃的化學藥品和焦油。

本單元示範如何利用零食袋密封夾和調漆棒，製作出破壞力比較弱的小型拋石機。或許你還玩不過癮，還想用橡皮筋自製發射棉花糖的彈弓？或用紙箱製作發射紙飛機的飛航彈射器？快來大顯身手！

寶特瓶火箭與降落傘

器材

→ 剪刀

→ 空的蔬果保鮮袋或其他輕薄
　的袋子，長寬各約30公分

→ 圓點膠

→ 繩線、毛線或繡線

→ 膠帶

→ 容量1公升的空寶特瓶

→ 剛好可塞住瓶口的軟木塞，
　橫切成兩個較小的軟木塞

→ 充氣球針

→ 腳踏車充氣筒

→ 水

→ 護目鏡

→ 鞋盒或類似的容器

注意事項

— 發射寶特瓶火箭時，應戴
　上護目鏡。

— 切割軟木塞並插入充氣球針
　的步驟宜交由大人完成。

用腳踏車充氣筒將火箭發射到半空中，加了保鮮袋降落傘可以減緩火箭掉落地面的速度。

圖4：將火箭發射到空中，測試
　　一下自製的降落傘。

圖1：將降落傘的傘繩黏貼在寶特瓶底部。

圖2：將充氣球針插入軟木塞，再將球針連接腳踏車充氣筒。

圖3：在寶特瓶火箭裡加水。

實驗步驟

1 將蔬果保鮮袋或其他輕薄的袋子剪成邊長30公分的正方形，當成降落傘布。

2 剪四段繩線，每段長約30公分。用圓點膠將四段繩線牢牢黏在降落傘布的四角當成傘繩。

3 用膠帶將傘繩另一端牢牢黏在寶特瓶底部（圖1）。

4 將充氣球針插入軟木塞，再將球針連接腳踏車充氣筒（圖2）。

5 在瓶子裡裝水至約四分之一滿，用步驟4準備好的軟木塞緊緊塞住瓶口（圖3）。

6 戴上護目鏡。將寶特瓶火箭放入鞋盒之類的容器，讓瓶底朝上，指向和自己相反的方向。

7 用腳踏車充氣筒將空氣打入火箭裡，打到火箭發射升空（圖4）。

8 如果實驗進行不如預期，調整降落傘的設計之後再試一次！

物理小知識

寶特瓶裡的氣壓逐漸增加，最後會將軟木塞和水推向地面，推動火箭朝反方向飛升。而重力會將空瓶拉回地面，但是附在瓶底的降落傘打開後會形成一塊較大的表面，有助於增加空氣阻力，為火箭帶來一股巨大拉力，減緩它落下的速度。

降落傘的形狀、傘繩的長度，甚至降落傘布的材質，都會影響空氣在降落傘周圍的移動方式，以及降落傘減緩相連物體降落的效果。在降落傘上打洞有助於控制空氣流動，也會影響降落傘的效果。

創意挑戰題

1. 改變降落傘的形狀和設計。例如在傘布打洞，或綁更多根傘繩，會發生什麼事？

2. 改變寶特瓶的水量，看看火箭能飛多高。

瘋狂彈射器

器材

→ 3支或更多支木質調漆棒

→ 彈力夾，例如夾零食袋的密封夾

→ 鐵絲

→ 封箱膠帶

→ 鐵釘

→ 鎚子

→ 堅固的木板或木盒

→ 紙杯，只留底部三分之一

注意事項

— 請勿朝任何人發射。

誰彈最高？誰彈最遠？

用調漆棒和彈力夾製作迷你彈射器。

圖2：用膠帶將紙杯黏在彈射器立起的支臂上。

圖1：將兩支相疊的調漆棒釘在木板或木盒上。

圖3：在紙杯裡放東西，將支臂向後扳。

實驗步驟

1 用鐵絲和封箱膠帶，將兩支調漆棒分別牢牢纏固在彈力夾的兩邊尾端，讓調漆棒像是彈力夾的延長部分，形成一個以夾子為尖端的大V字。

2 將V字其中一邊的調漆棒疊在第三支調漆棒上，將有兩支相疊的調漆棒的那一端，釘在木板或木盒上，讓V字的另一端斜立在空中（**圖1**）。

3 用膠帶將紙杯黏在斜立的調漆棒頂端，當成彈射器的裝彈筒（**圖2**）。

4 將乾的豆子或棉花糖之類的小東西放在裝彈筒上。將豎立的調漆棒向後扳，然後放開（**圖3**、**圖4**）。

5 改用幾種大小不同的物體當砲彈，測量看看它們分別飛了多遠。你能預測它們會在哪裡落地嗎？

圖4：放開彈射器支臂。

創意挑戰題

改變彈射器支臂的長度。你覺得是愈長或愈短的支臂會射得愈遠？

物理小知識

彈射器是指可拋擲、發射砲彈的器械，在古代是作戰用的武器。這個實驗製作的彈射器屬於「拋石機」，斜立的支臂與彈力夾相連，而彈力夾則是稱為「支點」的軸心。放在紙杯裡的東西稱為「負荷」，可以當成砲彈發射出去。

用手把立起的調漆棒向後扳時，肌肉施力壓下彈力夾，於是在彈力夾的彈簧裡儲存潛在的能量。當你放開調漆棒，就釋放了這股潛在的能量。這股能量成為「動能」，也就是使物體運動的能量。彈射器的支臂和負荷快速向上彈動，但是彈簧的運動範圍有限，因此支臂一下就停住。根據物理學定律，運動中的物體傾向保持運動，而當成砲彈的負荷就會持續以彈射出的角度向上、向外移動。彈射出的砲彈最後會受重力吸引而落回地面，飛行經過的路線就稱為「軌跡」或「彈道」。

草地電影院

器材

→ 手機或平板電腦

→ 鞋盒（搭配手機）或大紙箱（搭配平板電腦）

→ 一般或薄板式放大鏡

→ 切割工具

→ 膠帶

→ 擺放投影機用的盒子或箱子

→ 當成投影布幕的白布或白紙

注意事項

— 這個實驗需要用到銳利的切割工具，比較適合年紀較大的孩子。

— 手機或平板的螢幕發出的光不夠強，所以自製投影機投出的影像解析度不高，但仍足以讓孩子體驗科學和觀賞影片的趣味。

用紙箱和放大鏡就可以製作播放影像的投影機。

圖5：好戲開播！

實驗步驟

1　將螢幕的亮度和音量調到最大。

2　將手機或平板電腦螢幕朝下，放在箱子的一側，對齊紙箱邊緣，在螢幕頂端和箱子接觸的地方做記號。

3　將放大鏡的頂端對準箱子上的記號，沿放大鏡的外圍輪廓描線，切割出比放大鏡小一點的開口。切割開口的時候要注意，當你將手機或平板電腦放到箱子另一側的時候，要讓螢幕的中心和放大鏡的中心可以大致對齊。如果使用手持式放大鏡，可能必須取下放大鏡上的透鏡裝設在箱子中央（圖1）。

4　用膠帶將透鏡固定在開口內側。如果使用薄片式放大鏡，確認凹凸不平的那一面朝內、平坦面朝外（圖2、圖3）。

5　關閉手機的畫面自動旋轉功能，開啟一張照片以便測試對焦。

6 在戶外天色陰暗時，或在昏暗的房間裡測試投影機。將手機或平板電腦倒過來，放在箱子裡與透鏡相對的那一側。

7 投影機放置在盒子或桌子上，讓影像投射在白紙或床單等白色平面上並對焦。可能需要視螢幕和放大鏡片之間的距離長短和放大效果，調整投影機和投影平面之間的距離。如果要讓影像更大，將紙箱移離投影平面遠一點，再將箱子裡的手機或平板電腦向前移以正確對焦。記得螢幕要保持垂直於紙箱箱底（圖4）。

8 對焦好後，開始播放影片，將手機或平板電腦固定在箱子背側後蓋上箱蓋，或蓋上毛巾遮掉外部光線，好戲開播（圖5）！

圖1：割出裝設放大鏡用的開口。

圖2：裝設薄板式書頁用放大鏡的紙箱投影機。

圖3：裝設手持式放大鏡的鞋盒投影機。

圖4：調整距離，讓影像清楚對焦。

創意挑戰題

1. 你能設計出更好的投影機嗎？紙箱大小會不會影響投射出的影像？

2. 如果在投影機加上第二層透鏡，影像會出現什麼變化？

3. 你能用螢幕更亮的筆記型電腦投射出更大、畫質更清晰的影像嗎？

物理小知識

當螢幕發出的光穿過投影機的透鏡，光的傳播速率會變慢，光線也會產生曲折，在透鏡另一側的焦點位置，形成上下顛倒的相同影像。光這種發生曲折的特質稱為「折射」。

雖然光從光源發出後是呈直線前進，但穿過透鏡或其他不同介質之後，會改變前進速率和產生曲折。透鏡的形狀和厚薄，決定了光波重新聚集的方式和位置。透鏡就是設計成讓光線先發生曲折，以特定方式重新聚集在一焦點的裝置。眼鏡、望遠鏡和顯微鏡等等，都是利用透鏡讓我們將物體看得更清楚。

實驗中很重要的一點，是調整螢幕、透鏡和投影平面之間的距離，以找出正確的焦距。由於透鏡會投射出上下顛倒的影像，因此紙箱裡的手機必須倒放，在投影平面上才會看到正立的影像。其實眼睛裡頭的水晶體功能類似透鏡，也會投射出上下顛倒的影像，只是大腦會自動轉換，所以我們根本不會發現。

襪子離心機

用力甩、用力轉，
轉得越用力，
感覺得到更多離心力，

器材

→ 4個85至115公克的杯裝果凍，最好兩種顏色（例如紅和綠）各2個

→ 20顆彈珠

→ 封箱膠帶

→ 2隻襪子

→ 一段長約120公分的棉線，或較重實的堅固繩線

→ 2公升寶特瓶的瓶口及瓶頸部分，用剪刀剪開；或直徑約2公分的短塑膠管

注意事項

— 為避免幼童誤吞彈珠，必須在大人陪同下進行實驗。

— 如果沒有棉線，也可以將果凍杯直接放進長襪裡旋轉甩動。這個替代方案比較適合年紀較小的孩子。

— 不要吃掉果凍。

實驗步驟

1 掀開杯裝果凍的蓋子。

2 選兩杯顏色相同的果凍，放入多顆彈珠鋪成一層。不要將彈珠塞進果凍裡（圖1）。

3 將另外兩杯果凍倒扣過來，蓋在鋪了一層彈珠的兩杯果凍上，上下兩杯的開口要互相對準。用較細窄的膠帶在上下兩杯相連處繞一圈黏住，注意纏膠帶時要避免遮住彈珠（圖2）。

圖3：將裝了果凍的襪子高舉到頭上，用力旋轉甩動。

4 將黏好的果凍杯放進襪子的腳丫部分，讓同一種顏色的果凍最靠近趾頭處。記錄哪種顏色的果凍最靠近襪子趾頭。

5 將棉線穿過寶特瓶瓶頸或塑膠管，在棉線兩端各綁緊一隻襪子。

6 讓其中一隻襪子垂在地上，用右手抓住瓶頸或塑膠管，用左手緊握住由瓶頸或塑膠管下方穿出來的棉線。

7 站起來並高舉右手，開始甩動手上的瓶頸或塑膠管，讓頭上的襪子飛甩繞圈。用左手控制離心機。甩得愈用力，左手裡握住的棉線就會向上拉扯。

圖1：在果凍上鋪一層彈珠。

圖2：用膠帶將果凍杯黏住。

圖4：如果沒有棉線，可以改用長襪。

圖5：甩動後，打開盒子看看彈珠的狀態。

8　更用力甩頭上的襪子。盡全力甩動，甩愈多圈愈好。如果累了，可休息一下，但小心不要讓果凍杯跟地面碰撞（**圖3**、**圖4**）。

9　從襪子裡取出果凍杯，觀察彈珠的分布情況（**圖5**）。

創意挑戰題

1. 測試看看，如果改變垂下的那隻襪子裡的重量會怎麼樣。如果想要不用左手抓住棉線，需要在垂下的襪子裡加多少重量，才能讓上端的襪子照樣慢慢甩動繞圈？

2. 用彩色果凍調製出不同的濃度梯度，實驗看看在襪子離心機裡，不同大小的彈珠在濃度不同的果凍層裡怎麼移動。注意密度最高的那層果凍要放在杯子的最底層。

物理小知識

如果用足夠的力氣甩動襪子，就會發現彈珠移到最靠近襪子趾頭處的果凍裡。

在急轉彎時，因為汽車輪胎和地面之間有「摩擦力」，車子才能維持在馬路上繼續行駛。而在這個實驗裡，棉線提供拉力，讓裝了很重的果凍和彈珠的襪子在運動時保持繞圈。如果沒有棉線拉住，整隻襪子連同裡頭的果凍杯就會直直飛出去！

在襪子裡頭，果凍提供力量讓彈珠以繞圈方式移動。但彈珠的密度比果凍高，如果甩動得夠快，果凍就沒辦法提供足夠力量讓彈珠待在原位，彈珠會慢慢穿過果凍，遠離整組杯子的中央位置。

當襪子以更快的速度繞圈圈，就需要更多的力來保持這樣的運動。左手握住的那條線正提供了這樣的力，用來避免旋轉中的襪子直直的往外飛出去。當襪子以更快的速度繞圈圈，或是圈圈的直徑更大時，應該可感受到那股往上的拉力變強了。

白努利效應

器材

→ 剪刀

→ 3個裝雨傘的長筒形套袋，
或類似的塑膠套袋

→ 雙面膠

注意事項

— 幼童使用塑膠袋做實驗時
必須有大人陪同。

像魔術師一樣輕輕吹口氣
就能讓塑膠套袋鼓成氣球。

圖4：嘴巴湊近至距離袋口8到10公分，徐徐吹氣，讓袋子鼓脹起來。

實驗步驟

1 將2個塑膠套袋封起的末端剪掉（**圖1**）。

圖1：將塑膠套袋的末端剪開。

圖2：將3個袋子的末端黏貼固定，串連成一個長管形袋子。

2 將3個袋子黏貼相連，做成一個長管形袋子，還未剪過的袋子仍封起的那一端當成最末端（**圖2**）。

3 將袋口拿近嘴邊，看看吹幾口氣才能讓袋子鼓脹起來（**圖3**）。

4 接著，請另一個人將長管形袋子的末端抬離地面，再將嘴巴湊近至距離袋口8到10公分處，朝袋口很穩定的長長吹一口氣。如果操作正確，只要吹一口氣，就能讓袋子鼓脹起來（**圖4**）。

創意挑戰題

想想看，還可以設計什麼實驗來驗證白努利原理。

圖3：將袋口拿近嘴邊，吹氣讓袋子鼓脹起來。

物理小知識

剪一張長寬各為13公分和5公分的薄紙片，放到下唇下方，然後張口吹氣，你會發現整張紙片向上飄升。紙片飄升的科學原理在於，運動的流體在流速快的區域，壓力會比較低。這個原理稱為「白努利原理」，由科學家丹尼爾・白努利提出，他專門研究液體和氣體這類流體的運動。

當你朝紙上吹氣，紙片上方被吹動的氣流壓力比較低，紙片下方的壓力較高，因此紙片會向上飄升。同樣的原理也能創造將飛機機翼向上推的升力。

在這個實驗裡，袋子的開口與外界空氣相通，只要朝袋口吹一小口氣，就能讓長管形的袋子鼓脹起來。白努利原理告訴我們這確實有可能發生，因為吹氣時壓力會下降，而空氣會很快跑進袋子裡，填補你吹進去的氣流周圍的低氣壓區域。

單元 3
無脊椎動物特搜隊

若是比起數量多寡，無脊椎動物可說是稱霸世界。牠們的形貌無奇不有，舉凡昆蟲、蝸牛、蛛形綱動物、各種蠕動的蟲，以及只有單細胞的原生動物，都屬於無脊椎動物，在地球上已知的所有動物種類中占了九成之多。

有些無脊椎動物非常小，只有用顯微鏡才看得到，也有一些可以長到非常巨大，例如住在遍布有毒物質的深海熱泉附近的管蟲，就可以長到超過2.1公尺長。

很多實驗都有助於了解與我們比鄰而居的無脊椎動物，除了辨認種類，也可以觀察牠們的行為，甚至將牠們請到地面上仔細研究一番。你會發現牠們非常迷人。

本單元將帶你接觸無脊椎動物，一起來搭建蟲蟲屋、揮動掃網捕捉節肢動物、釣渦蟲，並且稍微騷擾一下土裡的蚯蚓。

蟲蟲屋

器材

→ 10到20隻鼠婦蟲（也稱西瓜蟲、藥丸蟲）

→ 尖嘴水罐或其他可將鼠婦蟲帶回家的容器

→ 長方形塑膠盒和硬紙板，或2個約2公升裝的牛奶紙盒

→ 剪刀或美工刀

→ 封箱膠帶或紙膠帶

→ 紙巾或泥土

→ 黑色或褐色的色紙

注意事項

— 用美工刀割出孔洞時需有大人陪同。

— 切勿捕捉蜘蛛或其他會螫咬人的昆蟲來進行實驗。如果住在有毒蛇出沒的區域，翻動石塊和樹枝尋找蟲子時，請務必小心。

建造「微環境」，蓋一座蟲蟲屋觀察屋中的鼠婦蟲往哪裡移動。

圖5：觀察蟲子的行為。

實驗步驟

1 在石塊和斷落的樹枝下方，尋找並採集鼠婦蟲。這種蟲子身長約6到13毫米，共有七對腳，身體呈分節式盔甲狀。鼠婦蟲有很多別名，因為會將身體捲縮成小球狀，也稱為西瓜蟲或藥丸蟲（圖1、圖2）。

2 割出一塊大小剛好的紙板，將塑膠容器隔成兩半。在紙板底部中央割出一個邊長約5公分的開口，讓蟲子可以在兩邊移動。用膠帶將紙板貼住固定（圖3）。 如果用牛奶紙盒，先將盒蓋割開，留下高約10公分的盒子底座。在紙盒一側底邊上方1公分的地方，割出一樣大的開口。用膠帶將紙盒黏在一起，有開口的一側相連（圖4）。

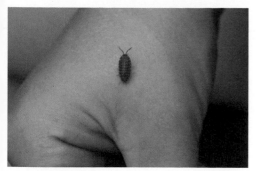

圖1：採集鼠婦蟲。

圖2：翻開石塊和斷落樹枝尋找鼠婦蟲。

圖3：在塑膠盒裡加上隔板，製作蟲蟲屋。

圖4：也可以用牛奶紙盒製作蟲蟲屋。

3 在蟲蟲屋其中一邊放溼潤的紙巾或泥土，另一邊放乾的紙巾或泥土，讓蟲子可以輕易在兩邊來回穿梭。

4 在蟲蟲屋兩邊放入數量相同的蟲子，觀察一小時左右。每隔15分鐘，記錄微環境溼潤的一邊和乾燥的一邊各有幾隻蟲（圖5）。

5 重複同樣的實驗，但是將蟲蟲屋改造成一邊暗一邊亮，暗的一邊用色紙遮蓋，另一邊保持敞開。在兩邊放入數量相同的蟲子，看看牠們偏好哪種生長環境。

6 將蟲子帶回抓到的原地點放生。

創意挑戰題

為甲殼動物打造其他不同的微環境。看看牠們比較喜歡吃哪些食物。

生物小知識

每種生物都有偏好的生活環境，如果是在湖泊等有水的環境，鰓就是生物的寶貴資產，如果是在非常寒冷的環境，生物的血液裡就需要抗結凍的蛋白質才能生存。地球上的每種生物，在生態系裡都各有自己獨特的生態棲位。

「微環境」這個詞，是指一小塊具有特定條件的區域，例如松樹林裡一塊岩石下方的條件可能是涼爽潮溼，底下有土壤，周圍都是腐爛的有機物質。

鼠婦蟲在分類上屬於「等足目」，也就是甲殼動物，長了堅硬如盔甲的外骨骼，所以為了方便移動，身體和足部必須呈分節狀。所有甲殼動物裡，只有鼠婦蟲一生都住在陸地上，但牠們也和龍蝦、螯蝦等親戚一樣有鰓，且需要溼氣才能呼吸。在這個實驗中，當鼠婦蟲被放入和溼潤微環境相鄰的乾燥微環境，很可能就會往潮溼的那一邊移動。

掃網特搜隊

器材

→ 掃網,可自製掃網的器材
  (鉗子、2支鐵絲衣架、剪
  刀、淺色舊枕頭套、封箱膠
  帶、長掃把桿)

→ 一塊白色大布,例如舊床單

→ 瓶罐

→ 昆蟲圖鑑(非必要)

注意事項

— 除非確定是不會螫咬人的昆
  蟲,否則絕不要空手採捕。

— 蜱(俗稱壁蝨)喜歡躲藏
  在深草叢裡。如果住家附近
  有壁蝨出沒,戶外採捕昆蟲
  時要特別小心,採捕結束要
  仔細檢查全身以防感染。

自製掃網,到草地上、叢林間,
採捕各種奇妙的節肢動物,然後鑑定種類!

圖3:揮動掃網,在草地和叢林間捕捉無脊椎動物。

實驗步驟

1 沒有現成掃網的話可以自製:用鉗子先將兩支衣架扳直,再互相絞纏編成一個大圈箍,
  兩端各留一段長約7.5公分的鐵絲。將枕頭套的開口剪開約三分之一深,將開口拉開來
  蓋住鐵絲圈箍,但不需套住那段長約7.5公分的鐵絲。沿著圈箍周圍用膠帶黏住固定。
  最後用膠帶將留下的那段鐵絲纏裹在掃把桿上固定,就完成自製掃網了(圖1)。

2 找一塊草叢,例如草原或田野。用類似掃地的方式揮動掃網,注意要不時翻動網袋開
  口,才能捉住藏在草叢裡的昆蟲(圖2、圖3)。

3 將網袋開口翻過來蓋住,移到大布上。

圖1：用衣架和枕頭套自製掃網。

圖2：準備好出發。

圖4：將採捕到的昆蟲放入瓶罐仔細觀察。

圖5：鑑定採獲的昆蟲種類。

4 小心的將昆蟲放出來到白色大布上。如果想要更仔細觀察，用葉片或樹枝挑起昆蟲放進瓶罐裡，罩上蓋子，但不要旋緊（**圖4**）。

5 數數看抓到的蟲有幾對腳、身體有幾節，找找看觸角和翅膀，注意牠們身上有什麼特殊的顏色。在本子裡記下觀察到的細節。

6 如果想要鑑定蟲子的種類，可以對照昆蟲圖鑑加以辨認（**圖5**）。

7 記錄採獲的昆蟲和蛛形綱動物，以及採捕的時間和地點。

創意挑戰題

1. 在不同時間（清晨、中午、傍晚和夜晚）到同一個區域，看看採捕到的昆蟲種類有什麼不同。

2. 在不同棲地（例如：大草原上、沼澤裡），採捕捉到的昆蟲種類有什麼不同？

生物小知識

節肢動物非常奇妙，牠們的身體和足部都呈分節狀，還有生長在身體外側的外骨骼。

當你在草叢中揮動掃網，有可能會捕獲很多昆蟲，也就是六隻腳的節肢動物。昆蟲多半有翅膀，頭上的觸角是感覺器官。我們可以將特徵相似的昆蟲分成幾類，例如蜂類、蝴蝶、蜻蜓、蚱蜢和甲蟲。昆蟲的生命週期包含卵、幼蟲和成蟲三個階段，有些昆蟲如蝴蝶還會經歷蛹期，牠們的身體會在這個階段產生很大的變化。

在戶外也可能捕獲蛛形綱動物，牠們生有外骨骼和八隻一節一節的腳。蜘蛛、蜱（壁蝨）和蠍子，都屬於這類既讓人心生畏懼，又感到奇妙著迷的生物。牠們的身體只有兩節，沒有觸角或翅膀，會用最靠近頭部的那對足部覓食和保護自己。

釣渦蟲

器材

→ 可切肉的刀

→ 牛肉塊或肝臟等生肉

→ 繩線或連著釣鉤（非必要）的釣線

→ 金屬沉錘或石頭

→ 瓶罐等收集渦蟲用的容器

→ 放大鏡

→ 附培養皿或載玻片（非必要）的顯微鏡

注意事項

— 切勿讓幼童獨自靠近水邊。

— 處理生肉之後務必洗手。

— 如果不巧沒釣到渦蟲，找一塊平靜清澈的水域，翻開岸邊的平坦大石底部找找看。發現渦蟲的話，可以用筆刷將牠們掃進容器裡。

捕捉並觀察奇妙的腐生性渦蟲。

圖4：觀察抓到的渦蟲。

實驗步驟

1 到池塘、湖泊或小溪等地點捕捉渦蟲。這種扁形動物喜歡平靜清澈且陰暗的水域，多半躲在碼頭船塢、荷葉、平坦大石和殘枝落葉附近，在夜間最為活躍。

2 將生肉切成硬幣大小，綁在長繩線或掛在釣鉤上當成釣餌。在靠近肉塊處加一個沉錘，或在繩線上綁一塊石頭（**圖1**）。

3 將釣餌沉進水裡，等5到10分鐘。等待時，到不同地點，不同深淺的地方放更多的釣餌。

圖1：將生肉綁在繩線上並加掛重物。

圖2：將釣餌從水中拉出，放入容器裡。

圖3：用放大鏡尋找渦蟲。

4 從垂釣地點裝一些水到搜集渦蟲的容器裡。

5 時間一到，慢慢拉起釣餌，再放入容器裡（圖2）。

6 用放大鏡觀察，看看生肉上有沒有渦蟲。渦蟲的身體扁平柔軟、沒有分節，頭部形如箭頭。如果沒發現渦蟲，將釣餌放回水中，等3、4小時之後再回來檢查（圖3）。

7 用放大鏡或顯微鏡來觀察釣到的渦蟲。在本子裡畫出渦蟲，並記錄你觀察到的渦蟲行為（圖4）。

創意挑戰題

1. 研究渦蟲對光的反應。

2. 試試看將渦蟲養在容器裡，餵牠們吃魚飼料，並保持環境涼爽。記得不時換水，但自來水裡的氯會殺死渦蟲，所以換水時需使用礦泉水。

生物小知識

渦蟲是獨立活動的非寄生扁形動物，具有神奇的再生能力。如果將渦蟲切成兩段，頭部那一段會再長出尾部，尾部那一段會長出新的頭部，原本的一隻就變成活蹦亂跳的兩隻。你也可以從不同角度切斷渦蟲，牠會長出全新的身體，而且全身各部位都完好無缺。

渦蟲只有非常基本的神經系統，大多數感覺器官都位在頭部附近。放大幾倍觀察可看到明顯的眼點，「眼點」其實不是真正的眼睛，只是包含光受體細胞，讓渦蟲可感受到光線。

渦蟲沒有體腔可以容納臟器，必須用身體下側稱為「咽」的開口進食，再利用「焰細胞」這種經過特化的細胞排出體內的廢物。渦蟲是食腐動物，專吃腐爛的動物遺骸和小型無脊椎動物，所以可以用生肉當餌引誘牠們上鉤。

翻滾吧！蚯蚓

器材

→ 48公克搗碎的芥末籽

→ 約4公升水

→ 空的尖嘴水壺、水桶或其他大型容器

→ 繩線、樹枝或棍棒

→ 裝蚯蚓的容器

注意事項

— 小心芥末籽水不要潑到眼睛，會又辣又痛！

— 長滿草的院子裡經常可以抓到好多蚯蚓。

將碎芥末籽水倒在草地上，趁蚯蚓鑽出土時抓住牠們。

圖4：觀察蚯蚓。

實驗步驟

1 在尖嘴水壺、水桶或大型容器裡盛水，加入搗碎的芥末籽，並攪拌至溶化（**圖1**）。

2 用繩線和樹枝或棍棒圍出一塊邊長約30公分的採集區。

3 在圍起的採集區上倒大約一半的芥末籽水（**圖2**）。

4 等蚯蚓鑽出土來。抓起整隻都爬到地面上的蚯蚓，放入容器（**圖3**）。

圖1：攪拌芥末籽水。

圖2：倒大約一半的芥末籽水。

圖3：開始抓蚯蚓！

5 等到沒有蚯蚓再鑽出來，將剩下的芥末籽水倒在採集區地面。等第二批蚯蚓從土壤裡比較深的地方鑽出來。

6 觀察捉到的蚯蚓（**圖4**）。

創意挑戰題

1. 在不同環境圍出採集區，看看能抓到幾隻蚯蚓。

2. 鑑定抓到的蚯蚓種類。

生物小知識

很久以前，北美洲曾經受冰河覆蓋，冰河覆蓋範圍內的原生種蚯蚓全都凍死了。因此現在出現在美國北部的蚯蚓都是外來種，是幾百年前歐洲人移民時，藏在船隻壓艙用的泥土裡，或跟著植物一起遷移過來的普通蚯蚓（*Lumbricus terrestris*）。蚯蚓雖然能幫助鬆土，但也可能對林地有害，因為他們會對林床中腐爛枝葉構成的下層落葉層造成擾動，讓新生的植物很難生根茁壯。

近年來北美洲又出現一種新的蚯蚓：遠環蚓屬（*Amynthas*）的亞洲蚯蚓。這種蚯蚓會大力扭動，英文俗名就叫做「跳跳蟲」，牠們繁殖速度快，會好幾隻聚在一起生活，對森林造成很大的危害。

為了防止入侵種蚯蚓散播，務必將釣魚用剩的蚯蚓投入垃圾桶，千萬不要隨意棄置在森林、堆肥甚至水裡。

單元 4
野餐桌上的化學課

提到化學，我們通常會聯想到在室內進行的實驗，但在戶外其實也可以進行化學實驗。將來自廚房裡的實驗器材打包妥當，轉移陣地到戶外進行，就不用擔心家裡會弄得一團糟。在門口擺個攤位，讓社區的小朋友一起來吹超大泡泡，變出彩色珠珠球，邊喝檸檬水邊選購自製護唇膏，保證讓你家成為全街區人氣最旺的景點。

擺好野餐桌，就可以進行油滴晶球化實驗。親子一起上一堂保養品化學課，混合椰子油、蜂蠟和彩色濃縮飲料，輕鬆自製護唇膏。吹超大泡泡不僅好玩，還可以學會表面張力。混合小蘇打和醋的過程超有趣，小朋友肯定會愛上彩色珠珠球實驗。

本單元也包含小小藝術家會喜歡的實驗，試試看用玉米粉、水和食用色素畫出簡易版的溼壁畫。真正的溼壁畫是將顏料塗在溼潤的石灰、沙和黏土混合物上，發生化學反應之後可以維持幾千年之久，而玉米粉溼壁畫可以盡情揮灑，只要用水沖一沖就清潔溜溜。

彩色史萊姆

結合兩項經典化學實驗，製作不斷湧出的彩色史萊姆。

器材

→ 未開過的瓶裝礦泉水（約235毫升）

→ 製作漏斗用的紙張

→ 含有四硼酸鈉（或稱硼砂）的洗衣精

→ 小蘇打

→ 紙杯

→ 膠水

→ 醋

→ 食用色素

→ 麥克筆

注意事項

— 為免誤食洗衣精，幼童必須有大人陪同。

— 在加入洗衣精的寶特瓶上做記號，避免誤食。

圖3：不斷湧出的泡沫狀史萊姆。

實驗步驟

1 除去礦泉水瓶身上的標籤，轉開瓶蓋，倒掉約60毫升的水。

2 在瓶口放上紙做的漏斗，在瓶中剩下的水裡加入5毫升洗衣精和23公克（5小匙）小蘇

圖1：將洗衣粉和小蘇打加入瓶子裡。

圖2：將膠水和醋的混合溶液，倒進加了洗衣粉和小蘇打的瓶子裡。

打。蓋上瓶蓋，搖晃均勻。在瓶身標註「洗衣精－小蘇打」（**圖1**）。

3 在紙杯或方便倒出液體的小容器裡，混合30毫升（2大匙）醋、30毫升（2大匙）膠水，和幾滴食用色素。用湯匙攪拌均勻。如果是用紙杯，在杯緣一側捏出尖嘴。

4 搖晃標有「洗衣精－小蘇打」的瓶子，放在托盤或餐盤上。轉開並取下瓶蓋。

5 立刻將所有步驟3的醋與膠水混合溶液快速倒入瓶中（**圖2**）。

6 觀看製造出史萊姆的反應過程。等瓶口不再像火山爆發一樣不斷冒泡，用手捏擠瓶身，壓出史萊姆（**圖3**、**圖4**）。

圖4：捏擠瓶身壓出史萊姆。

創意挑戰題

1. 膠水溶液裡加入多一點或少一點水，看看結果如何。

2. 改變加入瓶中的小蘇打和醋的份量。

化學小知識

「聚合物」（polymer）這個詞在英文中的字面意思是「很多部分」，指的是類似項鍊串珠的長鏈分子。實驗中用的膠水裡，含有一種稱為「聚醋酸乙烯酯」的化學物質，是一種與水或醋混合之後會變成具有流動性質的聚合物。但你如果在膠水裡加一點四硼酸鈉，也就是所謂的交聯劑，所有膠水分子又會黏結（或連結）在一起，形成黏稠的一大團。

混合小蘇打（碳酸氫鈉）和醋（醋酸）會引起化學反應，產生二氧化碳氣體。

當你將膠水和醋的混合溶液，倒入小蘇打和洗衣精溶液，小蘇打和醋之間的化學反應產生二氧化碳氣泡，同時膠水分子相互連結，就形成包住很多氣泡的史萊姆聚合物。當瓶子裡的壓力逐漸增加，史萊姆就會源源不絕湧出瓶口了。

超級大泡泡

器材

→ 長約137公分的料理用棉線

→ 2根長30到90公分的棍棒

→ 金屬墊圈

→ 1.4公升（6杯）蒸餾水或純水

→ 64公克（½杯）玉米粉

→ 14公克（1大匙）小蘇打

→ 20公克（1大匙）甘油（可用玉米糖漿代替甘油）

→ 120毫升（½杯）藍色洗碗精（Dawn和Joy這兩個美國品牌效果特別好）

→ 托盤

注意事項

一 選個空氣較潮溼且沒什麼風的日子來進行，實驗效果最好。

一起調製出可以抵抗表面張力、減緩水分蒸發的肥皂水，吹出超級大泡泡吧！

實驗步驟

1 將棉線其中一頭綁在棍棒的一端。將墊圈穿在棉線上，然後將棉線另一頭綁在另一根棍棒的一端，於是兩根棍棒之間垂著長約90公分的棉線，讓金屬墊圈垂掛在棉線的中間。將剩下約47公分的棉線末段綁在第一根棍棒上，讓棉線呈三角形（**圖1**）。

2 混合水和玉米粉。加入其他材料後攪拌均勻，攪拌時注意不要攪出太多小泡泡（**圖2**）（可選擇替代步驟：將混合物靜置約1小時；使用前輕輕攪拌一下）。

3 將兩根棍棒平行併攏，讓金屬墊圈自然垂掛在中間，將泡泡棒上的棉線完全浸入混合好的肥皂水（**圖3**）。

4 輕輕的將棉線從肥皂水中拉起，將兩根棍棒慢慢分離撐開棉線，形成框住一層肥皂水薄膜的三角形。

5 向後退一步，或朝肥皂水薄膜吹氣。再次併攏兩根棍棒，讓棉線之間沒有空隙，就能將泡泡「閉合」起來（**圖4**）。

圖1：用棍棒、棉線和墊圈製作泡泡棒。

圖2：混合調配特製肥皂水。

圖3：將泡泡棒上的棉線浸入肥皂水中。

圖4：吹出超級大泡泡！

創意挑戰題

1. 泡泡水裡還可加什麼來減緩水分蒸發？

2. 改用較長或較短的棉線製作泡泡棒。吹出的泡泡有什麼變化？

3. 改用不同泡泡水配方，看看效果會不會更好。用其他品牌的洗碗精也有效嗎？

4. 如果加入香草精或薄荷油，會吹出有香味的泡泡嗎？還是會對泡泡薄膜造成什麼影響呢？

5. 想想看，怎麼樣才能在大泡泡裡面再吹出一個泡泡？

6. 在冬天再做一次泡泡實驗。泡泡會維持得比較久嗎？和天氣熱時相比，泡泡是比較容易向下沉，還是向上升呢？為什麼？

化學小知識

水分子喜歡聚在一起，科學家稱這種相吸且伸縮自如的有趣特性為「表面張力」。像洗碗精這樣的「界面活性劑」具有疏水（與水互斥）的一端和親水的一端，所以可有效減弱水的表面張力。

水裡加入洗碗精後，降低的表面張力讓水分子被兩層肥皂分子像三明治一樣夾住，形成薄薄的膜，這層薄膜像大口袋一樣將空氣包在裡頭，形成泡泡。

泡泡基本上都是球狀，原理在於閉合的泡泡裡面的氣壓比外面的氣壓稍高一點，分子結構會在表面張力影響之下重新排列，盡量將表面積減至最小，而球體的表面積是所有立體形狀中最小的。如果出現其他外力，例如吹來一陣風，也會影響泡泡的形狀。

水分會持續蒸發，所以泡泡膜的厚度會持續改變，再加上光從不同角度照在泡泡上，光波反射之後會互相干涉，於是泡泡呈現五彩繽紛的顏色。加在溶液裡的甘油或玉米糖漿則可減緩水分蒸發，讓泡泡不會很快就破掉。

玉米粉溼壁畫

器材

→ 454公克玉米粉

→ 彩繪溼壁畫用的355毫升（將近1½杯）水，或酸鹼溼壁畫用的355毫升（1½杯）紫甘藍菜汁*

→ 托盤或派盤（非必要）

→ 酸鹼溼壁畫用的小蘇打和醋

→ 彩繪溼壁畫用的食用色素

→ 牙籤或小筆刷

→ 杯子

→ 盤子

　*將半顆紫甘藍菜放入鍋中，加水至完全蓋過，煮滾5分鐘，將菜葉濾掉後的汁水，即為紫甘藍菜汁。

注意事項

— 將紫甘藍菜切半和煮滾時應有大人陪同。

— 食用色素可能會在水泥地上留下殘跡。

用玉米粉和水，就能在畫布上揮灑創意，
大人小孩一起向米開朗基羅看齊！

圖4：用食用色素當顏料。

實驗步驟

1 混合玉米粉和水或紫甘藍菜汁。可以用雙手攪拌，混合物會像白膠一樣黏糊糊的，很好玩（**圖1**、**圖2**）。

2 在車庫前或空地上，找一個平坦乾淨的地方，將玉米粉混合物倒在地面上。也可以倒在托盤或派盤裡。

3 等混合物溢流成平坦的一灘，靜置五到十分鐘再開始畫畫。

4 如果要用紫甘藍菜汁畫**酸鹼溼壁畫**，在一個杯子裡加醋，在另一個杯子裡混合60毫升（¼杯）水和40到55公克（數大匙）小蘇打。用牙籤或筆刷沾醋或小蘇打溶液，在玉米粉混合物上畫出圖案。如果是畫**彩繪溼壁畫**，將食用色素倒在盤子上，用牙籤或筆刷在玉米粉混合物上作畫（**圖3**、**圖4**）。

圖1：混合玉米粉和水。

圖2：混合物會呈白膠狀，黏黏的很好玩。

5 等溼壁畫乾透定形，看看有什麼變化。

6 拿水管沖一沖，就可以洗掉地上的溼壁畫。

創意挑戰題

1. 家裡還有什麼酸性和鹼性物質可以用來畫酸鹼溼壁畫？

2. 如果等溼壁畫材料（玉米粉混合物）乾了才開始作畫，會發生什麼事？

圖3：用紫甘藍菜汁、醋和小蘇打畫出溼壁畫。

化學小知識

這個實驗要體驗的是將玉米粉和水混合形成「非牛頓流體」，用來當成類似灰泥的溼潤表面來作畫。非牛頓流體的行為和一般液體不同，在你攪拌或想要快速移動的時候，會覺得它比較像固體。

當你像畫真正的溼壁畫一樣，用食用色素作畫時，水性色料（顏色分子）會被玉米粉混合物吸收，由於混合物非常黏稠，所以色料沒辦法移動到很遠。

如果你畫的是酸鹼溼壁畫，就會發現用酸性的醋可以畫出粉紅色線條，用鹼性的小蘇打溶液可以畫出藍或綠色線條。這是因為紫甘藍菜汁裡的色素分子是一種酸鹼指示劑，會隨著所在環境的酸鹼值改變結構，以不同的方式吸收光線，於是呈現的顏色也跟著改變。

手工護唇膏

器材

→ 可微波的碗

→ 椰子油

→ 蜂蠟粒或磨碎的蜂蠟

→ 彩色濃縮飲料

→ 裝護唇膏用的有蓋小容器，
例如空隱形眼鏡盒

→ 攪拌用的牙籤或冰棒棍

注意事項

— 加熱和倒出熱溶液等步驟
必須由大人陪同操作，以
免燙傷。

— 如果在分裝進小容器之
前，蜂蠟和椰子油溶液就
開始變硬，可重新加熱。

家門口的化學實驗室開張囉！自己調製護唇膏，
還可以設計不同的口味喲。

圖4：製作護唇膏
分送好友。

實驗步驟

1 在可微波的碗裡混合2份椰子油和1份蜂蠟。例如：112公克（8大匙）椰子油及55公克
（4大匙）蜂蠟粒。

2 微波加熱混合物，每微波30秒就攪拌一次，直到蜂蠟完全融化，混合物變清澈（**圖1**）。

3 將混合物放涼一會兒。如果混合物開始泛白或變混濁，就需要重新加熱。

4 等混合物降溫時，在要裝護唇膏的容器裡，滴一、兩滴彩色濃縮飲料調味。

圖1：將蜂蠟融在椰子油裡。

圖2：將彩色濃縮飲料混入護唇膏。

5 將加熱後的蜂蠟和椰子油混合物小心倒入容器，用牙籤攪拌。為了讓顏色均勻，請持續攪拌，直到護唇膏變涼並呈滑順膏糊狀。重複同樣步驟，直到裝滿所有小容器（**圖2**）。

6 容器裡的護唇膏涼透之後，用冰棒棍或浸過熱水後擦乾的金屬湯匙背面，將護唇膏表面刮抹平整。

7 試擦護唇膏看看。可以留起來自己用，分送給好友，或在家門口擺個檸檬水攤兼賣護唇膏（**圖3**、**圖4**）！

圖3：暑假時，擺攤販售檸檬水，兼賣護唇膏。

創意挑戰題

發揮創意自行設計護唇膏配方。如果添加其他成分，記得先做功課，確認成分安全可食，若含有特殊過敏原，需在容器上標示。

化學小知識

在美妝保養品公司的實驗室裡，科學家努力研發滑順滋潤的護唇膏，還有其他好看又不會傷害皮膚的化妝品。科學家除了要想辦法找出最適當的成分組合，必須考慮許多其他因素，包括製作成本和保存期限。

椰子油其實是數種脂肪和油的混合物，在室溫下是固態，但溫度一上升就很容易融化。在這個護唇膏配方裡，椰子油是具有滋潤功效的潤膚劑，讓嘴唇原本的水分不會流失。

蜂蠟要加熱到高溫時才會融化，回復室溫時又會凝固，讓護唇膏變得更濃稠。油和水不相容，而彩色濃縮飲料的主要成分是水，所以必須不停攪拌，才能將液滴拌入慢慢變涼的蜂蠟和椰子油混合物，形成有很多微小球體懸浮其中的乳濁液。等到護唇膏涼透，蜂蠟可以將乳液裡所有成分結合在一起，就不會出現油水分離的狀況。

彩色珠珠球

器材

→ 475毫升（2杯）植物油，裝在尖嘴壺罐或玻璃杯等深型容器

→ 235毫升（1杯）水

→ 5包7公克裝無味吉利丁粉，或24公克（3大匙）洋菜粉

→ 長柄深平底鍋，或可以微波的碗

→ 食用色素

→ 醬料擠壓瓶，或空的可擠壓之膠水瓶

注意事項

— 微波加熱和倒出液體時，必須有大人陪同。

— 勿將球珠放入口中以免噎到。

— 如果多名孩童一起進行實驗，最好另外準備兩罐以上凍至冰涼的油，在罐裡的油開始變溫熱後，即可馬上替換。

圖5：放在盤子上晾乾。

乾燥後，這些彩色珠珠球會縮成小小的模樣。

實驗步驟

1 盛了植物油的容器放入冰塊堆裡冰鎮，或放入冷凍庫裡，冰到很冷但未結凍的狀態（**圖1**）。

2 將水加在碗裡，用微波加熱，或加在鍋裡之後放在爐子上加熱。拌入無味吉利丁粉或洋菜粉。視情況再次微波或用鍋子加熱，持續攪拌直到粉末完全溶化（**圖2**）。

3 在擠壓瓶裡分別加入幾滴食用色素。

4 將加熱後的吉利丁液或洋菜液稍微放涼。趁著吉利丁液或洋菜液溫度下降但還未凝結的時候，將溶液分別倒入擠壓瓶裡。搖晃一下擠壓瓶，讓食用色素均勻分布。

5 取出冰鎮或放入冷凍庫降溫的植物油。

6 將吉利丁液或洋菜液慢慢擠入冰涼的植物油裡，一次擠出幾滴，讓液滴落在罐底形成彈珠大小的珠珠球，放涼30秒。滴出大約10顆球珠之後，用濾匙或濾網撈起（**圖3**）。

圖1：用冰塊冰鎮植物油。

圖2：在水裡加入吉利丁粉或洋菜粉。

圖3：將吉利丁液或洋菜液慢慢滴入冰涼的油中。

圖4：製作更多珠珠球。

化學小知識

你聽過分子料理嗎？分子料理有一項很重要的技法是「球化」，主廚會利用這種技法將紅酒醋、果汁等各式各樣的材料與吉利丁或洋菜混合，製作成可吃的小球。球化技法是運用油水不相容的原理，吉利丁和洋菜都是冷卻之後會凝固的膠體，當含有大量水分的吉利丁液或洋菜液滴落在冰涼的油裡，會在表面張力的作用之下，形成完美的球體。

創意挑戰題

1. 用235毫升（1杯）白醋和24公克（3大匙）洋菜粉調製洋菜液，滴在油裡製作出漂浮球珠。將珠珠球放入加了14到18公克（數小匙）小蘇打水裡。

2. 將24公克（3大匙）洋菜粉加在235毫升（1杯）紫甘藍菜汁（紫甘藍菜放在水裡煮滾而成），製作會變色的珠珠球。將珠珠球放入醋（酸性）或加了小蘇打的水裡（鹼性）。

7 用水反覆沖洗珠珠球。視情況將植物油重新冰鎮或冷凍降溫，直到製作出想要的珠珠球數量（圖4）。

8 將一些珠珠球放在盤子上，靜置晾乾一晚，隔天會發現它們縮小了。再加水看看，會發生什麼變化。可以將珠珠球裝入塑膠袋裡，放進冰箱冷藏保存（圖5）。

單元 5
豐富多樣的植物界

苔蘚是古老且迷人的植物，由於缺少運輸水分的組織和構造，沒辦法長很高，但會彼此相互依靠，並聚集成一大群，就像一片柔軟的地毯。

苔蘚很重視「敦親睦鄰」，大量聚集在一起生活比較安全，因此在面對嚴苛的環境時可以幫助彼此繼續生存下去。在南極洲等極為寒冷的地區，苔蘚是少數幾種能夠存活的植物，因為苔蘚只需要極少的光照，在生存環境太過嚴苛時，還可進入休眠狀態，科學家甚至發現了生長在冰河底下的苔蘚。

苔蘚必須生長在多雨霧和露水的地方，以便時常吸收水分和養分，就連繁殖週期也必須靠雨霧和露水幫忙才能完成。它們產生的孢子會隨風飄送，落在距離親代苔蘚叢很遠的新地盤，長成新的苔蘚叢。

除了苔蘚之外，其他構造比較複雜的植物也很有趣。本單元提供很多有趣的點子，邀你一起透過實驗了解苔蘚，並探索植物如何生長、開花、尋找光源和製造氧氣。

向光實驗盒

器材

→ 豆子、豌豆或向日葵種子

→ 小紙杯

→ 2個鞋盒

→ 多的紙箱板

→ 剪刀或美工刀

→ 封箱膠帶

→ 泥土或園藝用培養土

觀察植物在彷彿黑暗迷宮的實驗盒裡生長，尋找光明。

圖4：開箱檢查植物的生長情況。

注意事項

— 年幼孩童切割紙箱時，應由大人從旁協助。

— 切勿將豆子、豌豆和種子放入口中，以免嗆到。

實驗步驟

1 在2或3個紙杯裡裝入泥土，當成小花盆，種入1或2粒豆子、豌豆或向日葵種子。澆水潤溼土壤，讓豆子照光幾天，直到長出細小嫩芽。發芽之後再澆一次水，然後放進向光實驗盒（**圖1**、**圖2**）。

2 在第一個鞋盒上標註A，將盒子橫放，在向上那一面的角落處，割出一個洞口。

3 在第二個鞋盒上標註B，將盒子立起來，在向上的頂面角落處割出一個洞口。

4 割出一塊邊長小於B盒短邊的紙板。用封箱膠帶將紙板黏在B盒內與割出的洞口同一側、比盒底高出約18公分的地方。如果在洞口正下方擺放一盆嫩芽，從洞口照進來的光會剛好被紙板遮住，但紙板旁還有足夠空間供植物生長（**圖3**）。

5 將其中一盆嫩芽放入A盒，用膠帶將紙杯固定在離洞口較遠的一端。將盒子蓋緊不留縫隙。

圖1：在紙杯裡裝入泥土。

圖2：種入豆子、豌豆或向日葵種子。

圖3：製作類似迷宮的向光實驗盒。

6　在B盒裡的遮光紙板正下方，放置第二盆嫩芽，讓嫩芽為了受光照射，必須往比較遠那一側的空隙生長。將盒子蓋緊，不留縫隙。

7　將兩個實驗盒放在陽光充足的地方數天，大約每兩天檢查一次並澆水（圖4）。

創意挑戰題

1. 想想看，還有什麼實驗可以研究植物的向性？要怎麼測試植物的根是因為感受到重力才向下生長？

2. 設計更複雜的迷宮，看看植物為了找到光可以生長到什麼程度。哪幾種植物在向光實驗盒裡長得最好？

生物小知識

「向性」（tropism）一詞源自希臘文tropos，原意是轉彎、反應、回應或轉變。植物在生長過程中，必須回應許多不同的刺激才能生存。例如植物的根部回應重力，向下伸入泥土裡生長，就是一種向性，因為地下比較有可能找到水分。

大多數植物也必須找到光，才能利用光和二氧化碳產生能量。「photo-」的字根意思是光，科學家就用「向光性」（phototropism）這個詞語，來描述植物會轉向有光的方向生長的習性。

種子裡儲存了發芽生長所需的能量，我們在實驗中，將一、兩顆已長出嫩芽的種子放入只有單一光源的箱子裡，在植物與光源之間設下一些障礙物。可以看到植物發芽之後逐漸茁壯，而嫩芽生長時，會繞過障礙物以接近光源。

神奇的苔蘚畫

器材

→ 從地面輕輕採集，或從樹幹和岩石上小心刮取數叢苔蘚

→ 放大鏡

→ 2個或多個種苔蘚用的容器

→ 小石塊或鵝卵石

→ 噴霧瓶

→ 園藝用培養土

→ 製作苔蘚畫用的果汁機、白脫乳和筆刷（非必要）

注意事項

－混合製作苔蘚畫用的苔蘚糊時，要有大人陪同。

－養出茂盛的苔蘚畫並不容易，除了時常噴水，須耐心等待超過一個月才看得出苔蘚生長。

－在類似苔蘚原本棲地平面上，苔蘚畫生長情況可能會最好。

將古老奇妙的苔蘚植物請回家，
創造彷彿鋪滿柔軟絲絨的庭園，製作鮮活的苔蘚畫。

圖4：將苔蘚糊刷畫在不同材質的平面上。

實驗步驟

1 採集苔蘚，用放大鏡觀察。記錄不同種類苔蘚的外觀特徵及採集地點。將採集來的每種苔蘚分成至少兩叢（**圖1**）。

2 將不同種類的苔蘚放入裝滿小石塊的容器裡。在容器裡加水，水位高到苔蘚底部即可，注意不要淹過苔蘚。

3 在第二個容器裡放入培養土，重複步驟2裡鋪排苔蘚的方式，種入第二組苔蘚叢。噴水讓培養土保持溼潤，但不可積水（**圖2**）。

圖1：用放大鏡觀察苔蘚。

圖2：將苔蘚種在石塊和培養土上。

圖3：混合苔蘚和白脫乳。

4 如果想要製作苔蘚畫，將一大叢苔蘚和120毫升（½杯）白脫乳放入果汁機攪打均勻。將苔蘚糊刷畫在不同材質的平面上，看看在哪裡長得最好（**圖3**、**圖4**）。

5 每天用噴霧瓶幫苔蘚噴水，視情況幫種了苔蘚的培養土或石塊澆水。每天幫苔蘚畫噴一、兩次水。

6 在實驗紀錄簿裡，記下苔蘚的生長狀況，以及苔蘚偏好的環境條件。

創意挑戰題

1. 在樹上採集到的苔蘚裡，尋找緩步動物（參考實驗2）。

2. 移到戶外進行實驗，想想該如何打造有利苔蘚生長的庭園。

3. 幫乾燥苔蘚加水，每次加一滴，用顯微鏡觀察苔蘚的變化。

生物小知識

目前為止，科學家已經鑑定出超過一萬種苔類和蘚類，而且不同種類的苔蘚植物需要的生長條件都不太一樣。苔蘚不喜歡競爭，所以通常可以在沒有其他生物的地方發現茂盛的苔蘚，例如岩石、樹木或壓實的土壤表面。有些苔蘚喜歡陽光，有些則喜歡躲在洞穴。苔蘚不會開花，也沒有真正的根部，而是利用稱為「假根」的構造攀附在平面上。

苔蘚也沒有運輸水分的構造，必須從周遭環境直接吸收水分維生。它們的構造非常適合收集和吸收水分，再加上常聚生成一大叢，所以可以像海綿一樣大量吸水。

採集不同種類的苔蘚，測試它們在不同條件下會欣欣向榮或枯萎衰敗。利用溼潤黏稠的苔蘚糊作畫也很好玩，打造出一座苔蘚庭園。

花瓣煙火秀

器材

→ 鮮花

→ 膠水、雙面膠或圓點膠

→ 大張卡紙、可立起的硬紙
  板或珍珠板

→ 剪刀

注意事項

一 協助幼童先在紙上用膠水點
  出同心圓狀，之後就能輕鬆
  黏上花瓣。

一 提醒孩子，務必取得主人許
  可，才能進入庭園摘花。

剝下花瓣，創作繽紛燦爛的花瓣煙火。

圖5：舉辦一場花瓣煙火秀。

實驗步驟

1 剪下幾朵新鮮的野花、草花或種在花園裡的家花（**圖1**）。

2 從花朵外側的小片綠葉，也就是花萼開始，將花一片片剝分開來。將外圍的萼片和花瓣
  黏在紙板上貼成一個大圓（**圖2**）。

3 繼續剝下花瓣和花朵其他部分，黏在紙板上，從外向內貼成數個同心圓（**圖3**）。

圖1：採一朵花。

圖2：由最外層開始，剝下花瓣貼在紙上。

圖3：從外向內，將花瓣貼成同心圓。

圖4：辨認出花朵的不同部位。

4　將花朵的中心部分貼在紙板中央。自己選一個地方貼上花梗。

5　對照網路上的參考資料，辨認花朵的不同部位（**圖4**）。

6　比較不同的花瓣煙火圖（**圖5**）。

創意挑戰題

1. 找找看，哪些花朵只有雄蕊或只有雌蕊（提示：想想南瓜）。

2. 用小朵的花貼出煙火圖，上下墊兩張蠟紙後，夾進書裡壓製成乾燥壓花。

3. 發揮創意，在同一張紙貼出數朵花的煙火圖，將相似的花朵部位排在一起。

生物小知識

在孕育種子的過程中，花朵的每個部位都扮演著重要角色。花萼幫忙保護發育中的花苞，花瓣用鮮豔的顏色吸引昆蟲、鳥類甚至蝙蝠等授粉者。

一朵花可能只有雄蕊或雌蕊，或雄雌都有。雄蕊包括細長如線的花絲，和花絲頂端滿載花粉的花藥。雌蕊包括長條狀的柱頭，和柱頭頂端稱為花柱的管狀構造，花柱與下方的子房相連。

授粉成功之後，雄蕊的花粉會附著在雌蕊的柱頭上，花粉沿花柱向下，朝子房移動，與裡頭的胚珠結合。胚珠受精之後發育成為種子。

很多花朵會產生甘甜營養的花蜜吸引授粉者。植物授粉對於人類來說也非常重要，根據美國農業部統計，全世界的農作物裡，將近百分之八十都必須依賴蜜蜂等動物才能完成授粉。

水中氧氣筒

器材

→ 池塘或湖泊的沉水型水生植物
→ 裝植物用的容器
→ 大型塑膠容器
→ 水
→ 至少2個小型透明容器，例如玻璃杯或試管

注意事項

一切勿讓幼童獨自靠近水邊。

一切勿使用瀕臨絕種的水生植物。

一實驗後應將採得的水生植物製成堆肥或丟棄。

圖4：注意氧氣在水中形成的氣泡。

觀察水生植物如何在水中製造氧氣。

實驗步驟

1　採集沉水型水生植物（圖1、圖2）。

2　在大型容器裡裝滿自來水，最好靜置一晚讓水中的氯揮發掉。將小型透明容器橫放浸入水裡，讓容器中充滿水且沒氣泡。

3　剪取一株水生植物，浸入裝水的大型容器裡，搖晃幾下抖落附著的氣泡。將植物放入小型透明容器，讓透明容器罩住植株頂端。在水中握住罩著植物的透明容器，將整個容器上下倒放，注意不要讓空氣跑進去。如果是用試管，需立在小杯子或燒杯裡，以免翻倒（圖3）。

4　將另一個小型容器浸入水中倒放，但不要放入植物，當成對照組。如果還有多餘的植物和小型容器，重複步驟3，製作更多實驗組。

5　將小型容器放在陽光充足的地方或很亮的燈泡附近，靜置數小時並觀察。可能會看到氣泡從植株上冒出來並在容器中聚集，那就是植物行光合作用所產生的氧氣（圖4）。

圖1：採集水生植物。

圖2：將採得的植物放入容器帶回家。

圖3：將植物浸入倒置的小型透明容器。

生物小知識

植物不僅是食物，也是人類的好朋友。如果沒有植物，我們根本無法存活。

人類的綠色盟友很擅長轉換化學物質。植物體內有一種會吸收光的綠色色素稱為「葉綠素」，從太陽吸收能量之後，進行光合作用，將水和二氧化碳轉換成葡萄糖和氧氣。葡萄糖就像是植物的燃料，為植物提供生存和成長所需的能量。

由於植物和藻類等生物會利用光能或化學能，將二氧化碳等無機物質轉換成養分，同時製造出足夠的氧氣充滿地球的大氣層，我們才能在地球上安然生活。

創意挑戰題

1. 在黑暗無光的房間裡進行同樣的實驗，結果會如何？

2. 自來水裡含有二氧化碳，如果改用池塘水或湖水進行實驗，會得到什麼結果呢？

實驗 23　種一盆小樹

器材

→ 松果和樹木種子
→ 長方形烤盤或淺烤盤
→ 鑷子
→ 杯子或裝水用的小型容器
→ 2個乾淨塑膠夾鍊袋
→ 沙子或泥炭
→ 紙巾
→ 小石塊
→ 園藝用培養土
→ 小花盆
→ 塑膠袋

注意事項

— 松樹種子需數個月才能發芽
長成樹苗，春天掉落的楓樹
種子，種下後很快會發芽。
想等到冬天再進行實驗，可
將種子放進冰箱冷藏保存。

— 切勿將種子放入口中，以免
嗆到。

種下種子，
等待幼苗長成小樹。

實驗步驟

1　在秋天，撿拾未開或半開的
松果，以及楓樹的翅果或其
他樹木種子（**圖1**）。

2　將松果放在烤盤上風乾數
天，直到松果鱗片自然張
開，掉出松子（**圖2**）。

3　用鑷子夾出還留在松果裡的
松子，放入裝了一點水的容
器。

4　挑除漂浮在水面上的松子，
這些松子可能不會發芽。撈
起沉在水底的松子，靜置風
乾。

圖5：等樹苗長大到可以在野外存活，再移植到戶外。

5　在夾鍊袋裡裝入略為溼潤
（但不會溼到滴水）的沙子或泥炭（或沙子和泥炭各半），將松子混入其中。將袋口拉
起到將近閉合，留一個通氣的小口。整袋放進冰箱冷藏三到六週。

6　從翅果類似直升機翼的果殼內取出楓樹種子。如果要種楓樹，將種子包入溼紙巾後放入
另一個夾鍊袋，將袋口拉上但留一個小口，放進冰箱冷藏八週（**圖3**）。

圖1：撿拾松果。

圖2：晾乾松果讓松子自動掉出來。

圖3：可將楓樹種子冷藏保存，或直接種入盆裡。

圖4：將樹木種子種在培養土裡。

7 大約每週檢查一次種子。如果種子開始發芽，即可從冰箱取出來準備栽種。

8 種子冷藏數週之後，即可準備栽種。在花盆裡先放些小石塊，再放入混合好的泥炭、沙子和培養土。將種子埋在土下7到10公分處，定期澆水保持土壤溼潤（圖4）。

9 等到樹苗茁壯到足以在野外生存，而且天氣溫暖適合挖土搬動，將樹苗移植到戶外的新家（圖5）。

生物小知識

很多樹木的種子不會立刻發芽，因為它們處於休眠狀態。為喚醒休眠中的種子，必須進行「刻傷處理」，也就是以不同方式，讓硬厚的種皮軟化或變薄。

很多樹木都是在冬季結束、春天到來時生長，所以有些種子必須先放置在寒冷處一段時間才會開始生長。將種子先放進冰箱冷藏數週再栽種，就是模擬冬去春來的變化，讓種子以為冬天結束了，這就是園丁經常採用的「層積處理」。

創意挑戰題

1. 還有什麼種類的樹可以從種子開始種到發芽？

2. 討論什麼是為了催芽所做的「刻傷處理」，並在不同樹木種子上實驗看看。

單元 6
太陽及大氣科學

極光曾是傳說故事的題材，在口耳相傳的故事中，極光被描述為古老精怪幽魂的化身、遠方營火散發的光輝，或是預示戰火和饑荒的凶兆。

拜現代科學之賜，我們已經知道令人目眩神馳的極光不是巨人相撞發出的閃光，而是粒子碰撞發出的光。這些粒子是從太陽噴發出的帶電粒子流，或稱為太陽風，它們脫離太陽的重力吸引，以高速直奔地球而來。有時候太陽表面的大規模噴發活動或閃焰，也會將大量粒子噴向地球。

地球就像一個巨大的磁鐵，磁極分別位在北極和南極附近。地球磁場會將太陽風的大多數粒子彈開，但有些粒子會被磁場吸住，旋轉降落在磁極附近。這些帶電粒子與地球大氣層的氣體發生碰撞，導致光從氧和氮分子中釋放出來。而光的顏色取決於碰撞的氣體種類和發生的高度，可能是紅色、藍色或紫色，但最常見的是綠色。

這個單元裡，我們會利用太陽能量和大氣層中的氣體進行一些實驗。雖然沒辦法製造極光，但可以嘗試其他趣味實驗，包括在瓶子裡製造雲霧，利用太陽的能量燒破氣球，或是利用大氣壓力和撲克牌變個小魔術。

太陽光熱線

器材

→ 氣球

→ 棉花糖

→ 放大鏡

注意事項

—本實驗只有在幾乎無雲的大晴天才會成功。

—應由大人陪同進行實驗。

拿出放大鏡，
集中太陽的能量
燒破氣球，
烤個棉花糖。

圖4：看看太陽的能量對棉花糖的影響。

實驗步驟

1 吹一個氣球（**圖1**）。

2 在室外背對陽光站立。

3 一手拿氣球，另一手拿放大鏡照氣球。前後移動放大鏡，盡量讓陽光聚焦在氣球表面，形成一個最小最亮的點。

圖1：吹一個氣球。

圖2：讓陽光在氣球表面聚焦，直到燒破氣球。

圖3：立起放大鏡，讓陽光在棉花糖上聚焦。

4 讓陽光在氣球表面聚焦，直到燒破氣球（圖2）。

5 在盤子或空地上放一顆棉花糖，想辦法立起放大鏡，讓陽光在棉花糖上聚焦。例如：將長形花槽倒放，當成放大鏡的台座（圖3）。

6 每隔幾分鐘檢查一下棉花糖。等到棉花糖開始冒煙，就移開放大鏡（圖4）。

創意挑戰題

1. 改用灌了水的氣球進行實驗，會得到一樣的結果嗎？

2. 吹幾個大小相同但顏色不同的氣球，看看顏色會不會影響陽光穿破氣球所需的時間。

3. 測量不同放大鏡的焦距。

地球科學小知識

你知道把透明的冰當成大片透鏡也可以點火嗎？奧妙就在於形狀。

放大鏡是凸透鏡，也就是兩面都像碗底一樣呈圓凸狀。光穿過透鏡的一邊後會發生曲折，所有經過的光線都會在透鏡另一邊的一個點上匯聚，這個光線匯聚的點就是「焦點」。

如果放大鏡拿得離氣球太遠，光點會變大，而且比較不亮。這是因為光線經過焦點之後，又會向外散開。

太陽光波裡帶有很多能量，與物質產生互動時會將能量傳遞出去。當所有穿過放大鏡的光波都射在同一個小點，不管小點是在氣球或棉花糖上，累積起來的能量都足以將物質加熱。

有多少太陽能聚焦在物體上，取決於透鏡的大小和形狀。想想看，大透鏡能比小透鏡聚焦更多能量嗎？

陽光剪影畫

器材

→ 樹葉、草葉和花朵
→ 彩色美勞紙
→ 保鮮膜或大片壓克力板

注意事項

─選個太陽從頭頂直射的大晴天,實驗效果最好。

利用陽光照射形成圖紋,創作出值得收藏的藝術作品!

圖4:陽光剪影畫,完成!

實驗步驟

1 採集形狀特別的花朵和葉片。

2 找一塊曝晒在陽光下的人行道區域或其他空地,鋪幾張彩色美勞紙。

3 在紙上用花朵和葉片鋪排出圖樣(**圖1**)。

4 用保鮮膜或壓克力板蓋住花材和紙,有風的話用石塊壓住(**圖2**)。

5 數小時之後,移開蓋在上面的保鮮膜或壓克力板(**圖3**、**圖4**)。

圖1：在美勞紙上鋪排花朵和葉片。

圖2：用保鮮膜或透明壓克力板蓋住，以免材料被風吹走。

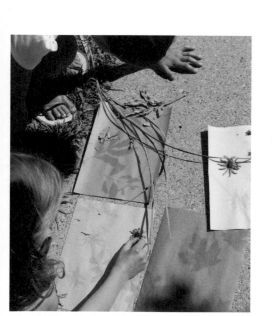

圖3：移開保鮮膜或壓克力板，就可以看到圖樣。

創意挑戰題

1. 延長或縮短曝晒時間，看看紙張在紫外線下經過多久才會退色。

2. 實驗看看哪些顏色的紙比較容易退色。

3. 在幾張美勞紙上噴一些防晒噴霧，然後放在陰暗處自然風乾，重複同樣的實驗，看看有什麼變化。

地球科學小知識

地球所環繞的恆星太陽，不斷散發極大的能量，其中一部分傳到地球，並以光的形式穿越大氣層。光在空間中以波的形式移動，有點像是海洋中的波浪，彼此之間可能相距很遠，或是非常靠近。我們環顧周圍可看到不同顏色的物體，是因為物體吸收了可見光波。還有一些光波的波峰彼此靠得太近，用肉眼沒辦法看見。這些光波在紫外光譜的範圍裡，帶有非常大的能量，甚至能破壞粒子間的化學連結，造成物體永久改變。例如美勞用紙經過曝晒後，產生了化學變化，使得吸收光的方式改變，呈現的顏色也跟著改變。

實驗裡的美勞紙有一些區域被花朵和葉片蓋住，沒有受到紫外線照射。將花朵和葉片移開，就可以看到花葉輪廓留下的印子，而周圍的區域都在陽光照射下退色了。實驗結果也說明了為什麼待在陰影遮蔽處有助於保護皮膚不受紫外線傷害。

瓶中雲霧

器材

→ 充氣球針

→ 剛好可塞住瓶口的軟木塞，橫切成兩半

→ 球類打氣筒或腳踏車充氣筒

→ 護目鏡或防護用的眼鏡

→ 30毫升（2大匙）外用酒精（異丙醇）或酒精（乙醇）

→ 透明2公升裝寶特瓶，除去瓶身標籤

注意事項

— 切割軟木塞並插入充氣球針的步驟應由大人協助完成。

— 幼童實驗時需大人陪同。誤食異丙醇會中毒，實驗時勿靠近瓶口以免誤吸入異丙醇霧氣。

— 實驗時務必戴上護目鏡

— 切勿充氣過滿。務必遵照步驟小心進行。

在寶特瓶裡充氣、加壓，製造出雲霧。

圖4：拔起軟木塞，讓瓶中形成雲霧。

實驗步驟

1 將充氣球針插入其中一個半塊軟木塞；如果能沿著先前開瓶器鑽出的隙縫插入，效果會最好。

2 將球針連接在打氣筒上（**圖1**）。

3 戴上護目鏡或眼鏡。在寶特瓶中加入酒精，轉動一下瓶子讓酒精沾滿瓶身內側（**圖2**）。

4 用插了球針的軟木塞緊緊塞住瓶口。

圖1：將球針插入軟木塞後，與打氣筒連接。

圖2：轉動瓶子讓酒精沾滿瓶身內側。

5 手扶瓶身開始慢慢充氣，瓶底朝向與自己相反的方向，充氣到瓶身摸起來感覺很硬實。充氣時需要一邊按住軟木塞，可以自己按或請另一個人來幫忙（圖3）。

6 讓瓶底保持朝向與自己相反的方向，拔起軟木塞。應該可以看到瓶中出現白色的雲霧（圖4）。

7 用軟木塞再塞住瓶口，繼續充氣直到瓶身變得硬實。雲霧應該就會消失不見。

8 拔起軟木塞。

圖3：朝瓶內充氣。

創意挑戰題

1. 有什麼其他液體可以用來進行實驗？

2. 加入一般的水也有效嗎？

地球科學小知識

酒精在室溫下會很快蒸發，變成看不見的無色氣體。但是冷的酒精分子聚在一起會形成細小的酒精液滴，就能形成看得見的霧氣。

實驗中讓瓶身內側沾上酒精，再朝瓶中充氣增加壓力。在開始充氣的時候，瓶中的酒精其實已經有一部分變成氣體。隨著瓶子裡的氣壓升高，氣體分子、水分子和空氣分子全都擠在一起，造成瓶中的溫度上升。

將軟木塞一下拔開時，氣壓快速下降，瓶中的溫度也很快下降。於是酒精分子和一些水分子冷凝形成液滴，在瓶中形成看得見的雲霧。

如果再用軟木塞塞住瓶口並充氣，氣壓會上升，溫度也跟著上升，分子又會變回看不見的氣體。

魔術水杯

器材

→ 杯口可用撲克牌完全蓋住的玻璃杯

→ 撲克牌

→ 水

注意事項

— 撲克牌可能會因沾水而損壞。

— 幼童可能需要大人協助進行實驗。

撲克牌玩膩了嗎？利用「大氣壓力」，
來一招翻轉水杯，讓大家目瞪口呆、大吃一驚！

圖4：大氣壓力讓撲克牌緊貼杯口。

實驗步驟

1 在杯子裡倒一些水。只倒半滿就好，杯裡才會留有一些空氣（圖1）。

2 用一張撲克牌將杯口完全蓋住。絕不能留下任何縫隙，讓紙牌保持平放（圖2）。

圖1：在杯子裡加水。

圖2：用撲克牌蓋住杯口。

3 一手攤平蓋在紙牌上，小心不要壓折到紙牌。另一手快速翻轉杯子，用手指可能會比用手掌容易。

4 如果水沒有漏出來，移開蓋住紙牌的手。紙牌應該會繼續蓋住杯口不讓水流出來（**圖3、圖4**）。

5 如果水漏出來了，再試一次！重試時可能需要換一張新紙牌。

圖3：將杯子倒轉，移開蓋住紙牌那隻手。

創意挑戰題

1. 在杯子裡加更多水。最多可以加多少水呢？

2. 在杯口抹一些洗碗精。實驗結果一樣嗎？

3. 用針在紙牌上刺幾個孔，重複同樣的實驗。水會從針孔漏出來嗎？為什麼？

地球科學小知識

平常或許不會注意，但我們可說是住在一大片空氣分子的底部。空氣分子隨時隨地從四面八方推擠我們的身體和周圍所有東西，這股推擠的力量就稱為「大氣壓力」。

實驗中，將蓋住的杯子翻倒時，杯裡的水分子會被重力向下拉。但是將水向下拉的力量，比將紙牌向上推的大氣壓力還小，所以水不會漏出來。

表面張力也在其中發揮作用。由於水分子喜歡聚在一起，在表面形成一層具彈性的薄膜。再加上另一種稱為「附著力」的力量發揮作用，讓一些水分子黏在紙牌上，也能幫助紙牌黏附在杯口。

如果朋友問為什麼，可以告訴他們是大氣壓力提供足夠的推力，讓紙牌不會從杯口掉落，而表面張力和附著力幫忙阻止水從杯裡漏出來。

紫外光偵測器

器材

→ 2個透明的玻璃杯、塑膠杯或瓶罐

→ 通寧水

→ 自來水

→ 深色的紙張或布料

注意事項

— 在大太陽下進行實驗的效果最好。

利用通寧水，偵測到看不見的紫外光。

圖4：仔細觀察會發現，通寧水微微發著光，並呈現泛藍色澤。

實驗步驟

1 在一個杯子裡加入通寧水（**圖1**）。

2 在第二個杯子裡加入自來水（**圖2**）。

3 在室內或戶外有良好遮蔭的地方，將兩杯水並排放置。將深色紙張立在杯子後方，比較兩杯水的顏色。

圖1：在透明杯子裡加入通寧水。

圖2：在第二個杯子裡加自來水。

圖3：將兩杯水放在陽光下。

4 將兩杯水移到陽光下並排放置，將深色紙張立在杯子後方。仔細觀察會發現，通寧水微微發光，而且呈現泛藍色澤（**圖3**、**圖4**）。

5 在剛剛進行實驗的位置附近，找一個稍有遮蔭的地方，重複同樣的實驗。

6 記錄觀察心得。

創意挑戰題

還有什麼實驗可以偵測到紫外光？
試試看實驗25的陽光剪影畫。

地球科學小知識

我們的眼睛能夠偵測到的光波稱為「可見光波」，但是有些光波，例如波長很長的紅外光，或是紫外光譜裡波長很短的光波，是沒辦法用肉眼看到的。

皮膚在大太陽下曝晒很久會受傷，就是紫外光造成的，這種看不見的光波帶有很大的能量。

通寧水裡有一種化學物質，是常用來治療瘧疾的奎寧。奎寧還有一種特殊能力，它可以吸收太陽的紫外光，將能量以可見光的形式釋放出來，這就是這「螢光」反應。對科學家來說，螢光是非常有用的實驗工具。相較之下，對照組的自來水裡沒有任何能產生螢光的分子，所以即使受到太陽的紫外光照射也不會發光。

單元 7
院子裡的水管科學

壓力，就是施加在一定面積上的力。當我們穿著靴子走過剛降下的雪時，身體會因為體重把雪往下壓而下沉。然而穿雪鞋可以把體重施加在雪上的力分散到更大的面積上，減少體重對雪的壓力，讓我們能像白靴兔一樣在雪上行動自如。

時時刻刻，我們的頭頂有一大片空氣，對我們身體和周圍的一切持續施加壓力。我們潛到水中時，承受的壓力除了空氣之外，還要再加上水的重量。

在這一單元中，我們要做個有趣的水壓實驗。把水管拿到高處，用裝滿水的熱水袋或充氣床墊把自己抬起來！接著，拿出水管，在容器裡裝滿水，做一艘鋁箔船來探討浮力。還可以製造波浪、利用虹吸作用製作水管雲霄飛車，在炎熱的夏天清涼一下吧！

水管雲霄飛車

器材

→ 裝滿水的氣球

→ 兩個大型塑膠透明容器,其中一個是透明的

→ 直徑1.5至2公分、長1.8至2.4公尺的透明塑膠水管

→ 水

注意事項

— 切勿讓孩童獨自靠近水邊。

— 水管上端必須一直放在水中,否則不會產生虹吸作用。

— 適合兩人以上一起進行。

— 切勿讓孩童吞食氣球碎片,可能會導致窒息。

讓彩色氣球碎片搭上365度旋轉的雲霄飛車!

圖4:水在虹吸管中流動時,把氣球碎片吸進管子上端。

實驗步驟

1 先用水球玩一場水仗吧!然後撿起水球碎片收好(圖1、圖2)。

2 把一個塑膠透明容器放在架子或椅子上,裝滿水。再把另一個容器放在旁邊的地面(圖3)。

3 把整條水管放進上方容器的水中,這個動作可以趕出水管裡的空氣。如果裡面還有氣泡,可以拿著水管在水中晃動,讓氣泡跑出來。或者也可以讓水從水管流出,把氣泡推出來。

4 請從上方容器的水中抓住水管,讓水管保持在水面下,同時請另一個人用手指頭封住水管的另一端。請封住水管的人拿起封住的一端放到下方容器中,封住的開口一定要比在上方容器裡的一端低。

5 繼續抓住上方容器裡的水管,讓水管保持在水面下,並且放開被手指封住的另一端的開口,讓水從下方水管開口流出。

圖1：先用水球打一場水仗。

圖2：撿起氣球碎片。

圖3：在大容器裡裝滿水。

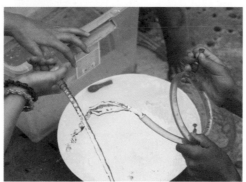
圖5：觀察氣球碎片搭著水管雲霄飛車，從上滑到下。

6　水應會從上方容器，產生虹吸現象而流到下方容器。

7　扭轉彎曲水管下方的一端，做成雲霄飛車的樣子。

8　把氣球碎片放進水管上端，觀察氣球碎片沿著彎曲的水管流到下方（**圖4**、**圖5**）。

9　實驗結束之後，把水管的上端從水中拿出來，虹吸作用停止，水就會停止流動。

創意挑戰題

1. 如果把上方的容器放在梯子上的不同高度，容器的高度是否會影響氣球從水管一端跑到另一端的速度？用碼表量量看。

2. 如果用更長的水管，讓虹吸管的下半段更長，水的流動速度會有什麼改變？

物理小知識

虹吸作用的用途非常廣，例如放乾游泳池或灌溉農作物，不需要幫浦就能把水搬移到另一個地方。

虹吸管中較短的一段水向上流，越過障礙，較長的另一段水則向下流。當我們放出虹吸管下端的水時，壓力和重力會使管子裡的水越過障礙，流到下方的容器。

這些力不斷把水推到障礙上方，越過障礙，再流進下方水管，等到空氣進入上方水管，這樣的循環才會停止。

游泳池裡的小船

器材

→ 充氣游泳池之類的大型裝水容器

→ 3張邊長30公分的鋁箔，如果想多做幾艘小船，就多準備幾張

→ 硬幣數個

注意事項

— 切勿讓孩童獨自靠近水邊。

— 吞食硬幣會導致窒息。

用鋁箔做小船，實驗形狀對浮力的影響！

圖4：多設計幾艘小船，放在水面上測試。

實驗步驟

1 在容器裡裝滿水。拿一張鋁箔，從邊緣開始放進水中，看看會有什麼結果。

2 拿一張鋁箔，揉得皺皺的，再丟進水中，看看會浮起來還是沉下去（**圖1**）。

3 再拿一張鋁箔做成小船，看看小船會不會浮起來（**圖2**）。

圖1：拿一張鋁箔揉得皺皺的。

圖2：拿一張鋁箔做成小船

4 把硬幣一個一個放在小船上，記錄放到第幾個硬幣時小船會沉到水中（圖3）。

5 用另一張鋁箔，改用其他方法摺小船，看看新的小船能不能裝更多硬幣（圖4）。

圖3：在船上放置硬幣。

創意挑戰題

1. 測試其他材料的浮力，例如木頭、塑膠、石頭和金屬等。

2. 在大型游泳池裡，擺什麼姿勢最容易讓身體往下沉或往上漂起來？

3. 在游泳池裡放進大小相同的水球和氣球，比較結果有什麼不同。如果是只有裝半滿的水球，又會有什麼結果？

物理小知識

「浮力」是指讓物體在水中浮起的力。要讓原本下沉的物體浮起來，必須改變物體的形狀，或是讓物體排開的水量等於或大於本身在水中的重量。物體所占的空間稱為體積，當體積增加，平均密度（重量除以體積）就會減少。小船如果要浮在水面上，形狀需經過設計，讓排開的水量大於或等於自己的重量。舉例來說，一塊重45公斤的金屬塊排開的水量不多，很快就會沉到水裡，但把這塊45公斤重的金屬塊改變形狀，做成一艘小船，排開的水量增加許多，就可浮在水上面。

一張鋁箔的密度比水大，如果邊緣先放進水中，就會沉到水裡。但如果把它做成小船，排開的水就會比較多，變得可以浮在水上。在鋁箔小船上放硬幣會增加小船的重量，等重量超過浮力時，小船就會沉下去。至於揉成一團的鋁箔會沉下去嗎？揉皺鋁箔時會把空氣包在裡面，使鋁箔團可以浮起來。救生衣也是同樣原理，它裡面的空氣讓我們可以浮在水面。

波浪科學

器材

→ 充氣游泳池等大型容器

→ 水

→ 石塊

→ 兩個堅固的扁平物體，例如 塑膠蓋或砧板

→ 軟的長繩子

注意事項

一切勿讓孩童獨自靠近水邊。

用水和繩子
觀察「波的能量
擾動」！

圖1：在水中拋下一塊石塊，
觀察石塊造成的波浪
形狀。

實驗步驟

1 在充氣游泳池裡裝滿水。

2 在水中央輕輕放下或拋下一塊石塊，觀察石塊造成的波浪花紋。接著在游泳池兩邊同時 丟下石塊，看看有什麼結果（**圖1**）。

3 把扁平的物體放在水中向前推，製造波浪。改變物體放入水中的深度和角度，看看製造 出來的波浪會有什麼不同。

圖2：看看波浪相遇後有什麼結果。

圖3：製造沿著繩子前進的波浪。

4 兩個人在游泳池兩邊同時製造類似的波浪，看看波浪在游泳池中間相遇後有什麼結果（圖2）。

5 兩個人拉著一條繩子，平放在地上。

6 拿著繩子的一端快速上下振動，製造波浪。試著製造快速波浪和慢速波浪，及大波浪和小波浪（圖3、圖4）。

7 在繩子兩邊同時製造類似的波浪，看看波浪在中間相遇後有什麼結果。可以翻到141頁，然後上網點開我們的波浪影片連結！

8 最後，拿繩子來玩跳繩吧！

圖4：製造更多波浪。

創意挑戰題

1. 兩個人分別抓著同一條繩子的兩端放在腰部的高度，試著在一端上下振動，製造「駐波」。看看改變振動速度對波浪的形狀有什麼影響。

2. 用梳子和一張摺起來的衛生紙做成卡祖笛，聽聽看振動產生的聲波。

物理小知識

自然界中有許多地方可以觀察「波」。波是能量在水、繩子、空氣，甚至泥土中行進時造成的擾動。振動通常會造成波，而空氣中的壓力所造成的振動形成了「聲波」。

我們上下振動繩子時，能量以波的形式從繩子的一端傳到另一端，但波浪通過之後，繩子又會回到地面上原本的位置。我們把石塊丟到水中時，這塊石塊的能量製造出波，形成波浪，但水不會朝波浪的方向移動。

「波峰」是指波浪的最高點，「波谷」是指最低點。波峰到下一個波峰的距離稱為波長。在這個實驗中，我們可以看到兩個波浪相遇後的結果，物理學家稱為「干涉」。

水力起重機

器材

→ 封箱膠帶

→ 兩條水管

→ 熱水袋或充氣床墊

→ 梯子

→ 可以接在水管上的漏斗

→ 砧板等扁平堅硬的物體

注意事項

—站在梯子上時，一定要有人
  在旁邊協助。孩童一定要有
  大人陪同。

—需要許多封箱膠帶，用來防
  止水管、床墊或熱水袋漏水
  或漏氣。

—拆掉充氣床墊氣嘴上的封
  片，讓水可以流回水管。

圖1：打開水龍頭，開始實驗。

院子裡，
透過水力起重實驗，
感受水壓的強大力量！

實驗步驟

1 用封箱膠帶把水管的一端牢牢接在熱水袋口或充氣床墊的氣嘴上，不可以有縫隙，可
  以多用一點膠帶。

2 把另一條水管接在水龍頭上，用封箱膠帶把水管另一端固定在梯子的頂端。

3 把連在床墊上的水管的另一頭拿上梯子，接上漏斗。把水管放在適當的位置，讓水可
  從上方的水管流進漏斗，用封箱膠帶把水管固定在這個位置。

圖2：熱水袋充水時，在上面放一塊砧板，站在這塊砧板上。

圖3：充氣床墊需要比較長的時間才能充滿水，請放鬆等待。

4 用封箱膠帶補好漏水的地方，調整位置。打開水龍頭，讓水流進水瓶或床墊（**圖1**）。

5 如果使用熱水袋，請把砧板放在上面，在熱水袋進水時站在砧板上。漏斗開始有水流出時，就關掉水龍頭（**圖2**）。

6 如果使用充氣床墊，因為充氣床墊需要比較長的時間才能充滿水，所以請耐心等待。喜歡的話可以躺下來，等床墊把你抬離地面（**圖3**）。

7 測試看看，裝滿水的床墊上可以站幾個人？。

創意挑戰題

測量地面到漏斗的距離，這就是水柱的高度。計算每30.5平方公分的水施加在容器底部的水壓。

物理小知識

拉到高處的水管對充氣床墊充水時，水先流進床墊，充滿之後再上升到水管中。管中水柱底部的壓力會轉移到容器上，這就是巴斯卡定律所指出的——流體受到的壓力會以相同的大小向各個方向傳遞。因此當水上升到水管，容器中的壓力也會跟著升高。

體積0.03立方公尺的水在0.1平方公尺的面積上施加的力為28.3公斤。如果把0.03立方公尺的水裝在邊長各30.5公分的正方形容器裡，水對容器底部施加的力就是28.3公斤。

如果把每0.1平方公尺28.3公斤除以929平方公分，可得出每6.5平方公分195公克。因此深度30.5公分處的壓力是每6.5平方公分195公克。水管中水的高度決定床墊或熱水袋中的壓力，因此也定床墊或熱水袋能夠支撐的重量。

1.8公尺高的水柱對每6.5平方公分施壓1.2公斤的力，因此每0.1平方公尺施壓168.7公斤的力，力量相當大！

單元 8
遊樂場裡的物理學

遊樂場就可以進行日常的物理實驗。在遊樂場，可以盪鞦韆、溜滑梯、玩翹翹板，還可以坐旋轉椅！

歷史上第一座現代化遊樂場出現在英國，在那之前，孩子們只能在街上奔跑，騎著或拉著眼前找得到的任何東西滑溜或搖擺。而現代的遊樂場，多了更多當時還沒有發明出來的設備。

一九二三年，英國人查爾斯‧威克史提德用鐵鍊把工廠用的管線綁在一起，建造了史上第一座遊樂場鞦韆。據說這座鞦韆非常高，底下還沒有安全網，但大家都非常喜歡。威克史提德非常支持讓孩子玩遊戲，並發明了更多種鞦韆和滑梯，還成立了史上第一家遊樂場設備製造公司，這家公司一直經營到現在。

如果有人請你設計新的遊樂場設備，你會發明什麼遊戲呢？下次盪鞦韆、溜滑梯或坐旋轉椅時，好好想一想吧！

罐子滑梯大賽

器材

→ 兩個大小和重量相同的罐頭，其中一個裝液體（例如番茄醬），另一個裝豆子

→ 遊樂場溜滑梯，或自己在家搭建坡道

→ 長尺

→ 有相機和馬表的手機（非必要）

→ 直徑、長度和重量不同的食物罐頭

→ 玩具車和玩具卡車

注意事項

一別讓滑下去的罐頭打到人。

比比看，罐子裡裝哪種食物滾得最快！

圖1：裝液體的罐頭跟裝豆子的罐頭比賽。

實驗步驟

1 把罐頭放在滑梯上，排成一排。可以用尺當起跑線，讓所有罐頭從相同的高度滑下去。

2 猜猜看，哪個罐頭是第一名？你的猜測就是你的假設。

圖2：滿的罐頭跟空的罐頭比賽。

圖3：大罐頭跟小罐頭比賽。

圖4：讓玩具車比賽滑下滑梯。

3 讓所有罐頭同時滑下，哪個罐頭最先到達滑梯底部？可用手機的相機和馬表精確的測量結果（**圖1**）。

4 用大小或重量不同的罐頭多比賽幾次（**圖2**、**圖3**）。

5 試試看用玩具車滑下滑梯。你預測誰得到第一名（**圖4**）？使用玩具車和使用罐頭有什麼不同？

創意挑戰題

1. 讓兩個重量和內容物差不多、但直徑不同的罐頭比賽滑下滑梯。

2. 在滑梯底端拍攝罐頭和長尺比賽的影片。

3. 用能夠顯示目前播放速度每秒有幾格的影片剪輯軟體觀看慢動作影片，計算罐頭的實際速度。

物理小知識

「重力」就是把我們拉下滑梯的力。任何物體無論大小或質量，在無摩擦力的滑梯上都會以相同的加速度滑下，不過，物體若是在滾動，就不一樣了。

在滑梯頂端，因為裝了液體和豆子的罐頭重量差不多，所以擁有幾乎相同的位能。罐頭滾動時，位能轉換成動能（運動的能量）。哪個罐頭可把能量轉換成較多平移動能（直線移動的能量），就會滾得比較快。

豆子罐頭裡所有的豆子都黏在一起，因此罐頭滾下滑梯時，罐子本身和裡面的豆子必須整個一起旋轉。許多能量會轉換成旋轉能量。

但在液體罐頭中，大部分液體不會隨罐子本身移動，所以罐頭內部的東西不需要旋轉，就能直接滑下滑梯。所以它在滑梯頂端時擁有的位能可直接轉換成平移動能。

因此如果裝了液體的罐頭和裝了豆子的罐頭同時開始向下滾，裝了液體的罐頭應該會先到達滑梯底部。

鞦韆力學

器材

→ 遊樂場裡的鞦韆

注意事項

一 需要兩人以上進行。

一 在實驗第一部分,坐在鞦韆上的人不可以前後擺動雙腿,否則實驗不會成功。

一 如果要記錄擺盪時間,請將擺盪10次的總時間再除以10,就能算出平均時間。

來玩盪鞦韆,同時認識「力學」!

圖4:你們可以一起盪鞦韆嗎?

實驗步驟

1 請一個人坐在鞦韆上,兩腿向前伸。

2 從後面抓住鞦韆,盡可能向後和向上拉(**圖1**)。

圖1：把坐在鞦韆上的人向後拉。

圖2：鞦韆向後盪時，不會撞到站著的人。

圖3：試試同步擺盪。

3 放手讓鞦韆開始擺盪，不要推，也不要向後退。站在原本放開鞦韆的位置。

4 坐在鞦韆上的人會向後盪，但應當不會撞到站在後面的人（**圖2**）。

5 兩人試著以鏈條長度相同的鞦韆同步擺盪（同時停止前後擺動雙腿），再用鏈條長度不同的鞦韆試試，有什麼結果（**圖3**、**圖4**）？

創意挑戰題

記下體重不同的人，以及鏈條長度不同的鞦韆的擺盪週期，看看擺盪週期有什麼變化？擺盪週期跟盪得多高有關嗎？

物理小知識

「單擺」是指用細線吊起的重錘，在重力作用下來回移動。單擺能非常規則的來回擺動，而且線愈短、擺動得愈快。遊樂場裡的鞦韆就是單擺，從放手到盪回原處的時間稱為「週期」。

我們走路時必須依靠重力協助。雙腿前後擺盪，就像單擺一樣。腿長的人腿部擺動的頻率通常比腿短的人慢。在這個實驗中，我們會發現，長鞦韆前後擺盪的速度比短鞦韆慢得多。

單擺放開時如果沒有添加能量，盪回時一定不會超過起始點。當我們把坐在鞦韆上的人向後拉再放手時，只要沒有添加能量，往後盪回來時就不會撞到我們。

野餐墊相對論

器材

→ 一大張野餐墊或床單

→ 籃球或足球等較大的球

→ 網球等較小的球

注意事項

一由4人以上進行。

圖3：球為什麼會往下落？

實驗步驟

1 站直後，抓住床單或野餐墊的一角，盡量拉直拉平，跟地面平行。

2 把較大的球放在野餐墊中央，觀察野餐墊的變化（**圖1**）。

3 較大的球繼續放在野餐墊中央，再加入較小的球到野餐墊上，看看有什麼結果。

圖1：在拉平的野餐墊上放一個球。

圖2：把球拋向空中。

4 盡可能把球拋向空中，試著用野餐墊接住球，使球往下落的因素是什麼（**圖2、圖3**）？

創意挑戰題

讓一個人站在彈跳床的中央做相同的實驗。球會滾到這個人站立的地方嗎？

物理小知識

著名科學家愛因斯坦以全新方式思考時間和空間的關係。他把時間和空間想成是一體的結構，有點像我們在這個實驗中抓在手上的野餐墊。

愛因斯坦認為恆星和行星這類龐大的天體使得柔軟又有彈性的時空結構變形及彎曲，就像大球使野餐墊凹下去一樣。這個理論稱為「廣義相對論」。

地球和其他環繞太陽的行星都沿著太陽系空間結構中的曲線運行，這個曲線因著位於太陽系最中央的龐大恆星（太陽）而產生。在活動中我們可以看到，野餐墊上的大球使結構向下凹，小球放在野餐墊上之後會滾向凹下的地方。這個把拋向空中的球拉回地面的力，其實就是把月球拉向地球以及把行星拉向太陽的力！這個力稱為「重力」。

單元 9
花園裡的大千世界

大麥、稻米、小麥、豌豆和南瓜是人類最早開始在田地和菜園裡種植的作物。

幾千年來，人類特別喜愛生長快速、能抵擋害蟲，又能生產美味食物的植物。早在人類在實驗室裡研究如何改造植物DNA之前，農人和花匠就會培育新品種、異花授粉和嫁接理想中的植物品種，不斷改良農產品。

即使有許多科學方法可以運用，現代農業仍面臨許多問題。我們努力生產糧食，因應人口爆炸的需求，卻危害了食品安全、作物多樣性，造成生態系統脆弱等風險。因為擔憂農業末日降臨，許多有遠見的人已經在北極等地成立種子庫，冷凍保存數千種植物的種子。

只要有水、陽光、溫暖和養分充足的土壤，我們就能自己種植糧食。在這個單元中，我們將舉行一場比賽，看看種子發芽的速度有多快、觀察幼苗如何朝有光的地方生長，以及用廚餘製作堆肥等。

植物相剋實驗

器材

→ 長方形大型植栽箱一個或
　小花盆數個

→ 培養土

→ 冰棒桿或木質園藝標示牌

→ 檸檬、柳橙、黑核桃、松
　針、薄荷、尤加利樹葉、
　菊花的葉子，或番茄葉
　（任選兩種以上）

→ 缽和杵，或食物處理機，
　或是能磨碎堅果的其他工具

→ 削皮刀或刨絲刀

→ 奇亞籽或蘿蔔種子

注意事項

一黑核桃是一種堅果，請小心
過敏。

等待種子發芽，觀察植物如何發動化學戰，保護自己的地盤！

圖3：把材料混合到土壤中。

實驗步驟

1　在植栽箱裡裝滿培養土。

2　用冰棒桿將植栽箱分隔成數個區域，每區將用來放一種材料，並保留一區不放任何東

圖1：磨碎黑核桃或搗碎葉子。

圖2：刨下柑橘皮。

西，當作對照組。用冰棒桿或園藝標示牌標出每個區域的材料。如果使用小花盆，就在每個花盆上標示出材料，再加上一盆對照組。

3 磨碎堅果、刨柑橘皮，再切碎或搗碎葉子，製作要測試的材料。每處理完一種材料之後，記得清洗工具，避免交叉汙染（圖1、圖2）。

4 將每種材料混合在植栽箱或花盆表面7至10公分的培養土中，對照組則不放任何東西（圖3）。

5 每一區都種下奇亞籽或蘿蔔種子。先用鉛筆挖一個洞，在每塊區域放置相同數量的種子，或是在每個花盆放下一湯匙（13至17公克）的種子。

6 輕輕為種子澆水。

7 每天觀察種子。記錄每區的種子何時發芽，以及哪種材料似乎會妨礙植物生長，讓植物無法發芽或長大（圖4）。

圖4：看看哪種材料會影響植物生長。

創意挑戰題

搜集黑刺李、蔥芥、斑點矢車菊和香附子等侵略性植物，測試這些植物的葉子、種子和果實的相剋作用。

生態小知識

植物都需要自己的空間，有些植物甚至會製造化學物質，迫使其他植物遠離。這類互相傷害的過程稱為「相剋作用」。

有些植物會製造對競爭者有害的化學物質，有些則會干擾其他植物和其他生物的合作關係。更精確的說，為了有更多空間生長，得防止周圍長出新的幼苗。

「侵略性物種」特別擅長製造這類化學物質，或許就因為這樣，這類植物進入新環境後，經常擴散得又快又廣。

許多植物會把這類毒素從根部釋入土壤，而生態系統相當複雜，很難設計出有意義的實驗來探討這種現象。不過，這個有趣的活動可以測試植物成分對種子發芽的相剋作用。

實驗 37　自製堆肥

在土裡挖個洞，製作堆肥，並進一步了解花園裡的營養循環系統！

器材

→ 可分解的廚餘，例如咖啡渣、果菜碎屑和蛋殼等

→ 桶子或杯子等容器兩個

→ 兩小片塑膠，例如牛奶瓶蓋等

→ 鏟子

→ 土壤溫度計或食物溫度計

注意事項

— 挖洞之前先詢問電力公司，避免挖到地下管線。

— 適合在天氣溫暖時進行。

圖3：將堆肥倒進洞裡。

實驗步驟

1 搜集可以用來製作堆肥的廚餘。分裝在兩個容器中，各放一小片塑膠，用來觀察堆肥堆和垃圾掩埋場裡的塑膠分解狀況（圖1）。

圖1：搜集可用來製作堆肥的廚餘。

圖2：在地上挖兩個洞。

2 在地上挖兩個深度為30公分左右的洞（**圖2**）。

3 將兩盒堆肥各倒進其中一個洞裡，再用土蓋住（**圖3**）。

4 在其中一個堆肥堆標示「不澆水」，另一個標示「澆水」。

5 每隔一天左右，在「澆水」的堆肥上澆水。

6 在堆肥上澆水時，用溫度計測量兩個堆肥堆的溫度。記下溫度，並跟附近的土壤溫度比較（**圖4**）。

7 幾個星期後，挖出堆肥，觀察分解狀況。將堆肥放在地墊或塑膠袋上，攤開來仔細觀察。

8 將堆肥倒回洞裡，當作花園裡的肥料。記得回收塑膠蓋。

圖4：測量堆肥的溫度。

創意挑戰題

1. 測試看看，將堆肥包起來隔絕氧氣，或是加入草屑和樹葉，對堆肥有什麼影響？

2. 記錄在堆肥堆裡面和周圍各發現了幾隻蟲？

生態小知識

在世界各地的生態系中，營養會從一代移轉給下一代。植物等初級生產者從土壤和空氣吸收營養，接著被動物吃掉，然後這些動物可能又被其他動物吃掉。最後這些植物和動物死亡，然後分解，營養再次被初級生產者吸收，如此不斷循環下去。

細菌和真菌等分解者會吃死去的生物，並分解、利用它們的能量。在潮溼健康的堆肥中，分解者生長得相當快，產生的熱足以消滅害蟲，甚至可以殺菌。分解者需要水才能快速生長，有些還需要氧氣，以更有效率的分解食物，所以偶爾用鏟子翻動一下堆肥，很有幫助。

自製堆肥不但能夠有效分解廚餘，還可以不斷製造營養豐富的肥料給花園使用。

植物運動會

器材

→ 大型植栽箱一個或數個小花盆或杯子

→ 培養土

→ 冰棒桿或園藝標示牌

→ 各種種子和豆子

注意事項

－誤食豆子可能會造成窒息。

為植物搭建一座運動場，看看植物可以生長得多快！

圖4：哪一種植物長最快？

實驗步驟

1 在容器裡裝滿培養土。

2 用冰棒桿將大容器分隔成數個區域，每一區將用來種植一種植物。

3 在每個花盆或區域標示好等下要種植的植物名稱（**圖1**）。

4 種下種子或豆子（**圖2**）。

圖1：做好分隔及標示。

圖2：種下種子或豆子。

5 澆水（**圖3**）。

6 在筆記本上猜測或假設哪種植物將會長得最快，並說明理由。

7 觀察幾個星期。種子發芽之後，每天記錄植物的生長高度，以及何時長出葉子。

8 比較實驗結果跟你的假設是否相同。

圖3：澆水。

創意挑戰題

1. 把實驗結果畫下來，製作每種植物的生長曲線。它們是一開始長得很快，後來變慢，還是一直都以相同的速度生長？

2. 種下同類的種子，使用不同液體澆水，以自來水作為對照組，記錄比賽結果。

3. 讓種得很擠的種子和種得很寬鬆的種子比賽，看看密度對生長速率有什麼影響。

生態小知識

生長較快的植物在爭奪營養、空間和光時可能會比鄰近植物占便宜。舉例來說，有些竹子剛長出來時，為了爭取陽光，一天可生長15至20公分。觀察不同的植物，看看它們是一開始長得很快，後來變慢，或是一直都長得很快？

植物為了生長會吸收水分，用來釋出它們需要的養分和酵素。細小的根會最先穿出種皮，芽再跟著出現，朝有光的地方生長。接觸到光之後，植物會變成綠色並長出葉子。

如果在黑暗中讓植物賽跑，跟這次的實驗結果會不會相同呢？試試看吧！

花園訪客

器材

→ 筆記本
→ 花園
→ 放大鏡
→ 照相機（非必要）
→ 手電筒

注意事項

一 選擇白天和晚上不同的時間到花園觀察。

實驗步驟

1 在你的實驗紀錄本裡，騰出一部分作為「花園訪客紀錄本」（圖1）。

2 到花園和菜園，看看有哪些生物訪客。誰躲在葉子底下、在泥土上爬行，還有誰坐在植物上，或在空中飛翔。用放大鏡仔細觀察這些生物（圖2、圖3）。

3 用文字、繪畫和照片記錄這些訪客。記下觀察到這些訪客的日期和時間、訪客所在或附近的植物，及牠們正在做什麼（圖4）。

4 試著辨認這些鳥類、昆蟲和節肢動物的種類。

圖1：準備好你的花園訪客紀錄本。

5 連續幾天，在不同的時間到同一個花園或菜園觀察，看看有哪些訪客。可以帶手電筒到晚上的花園，尋找「夜行性」訪客。

圖2：尋找蜘蛛。

圖3：觀察蟾蜍。

圖4：記錄花園訪客的蹤跡。

創意挑戰題

有沒有看到蜘蛛之類的掠食者？畫出花園訪客的食物鏈圖，裡面要包含花園中的植物，我們人類在圖中的哪裡？

生態小知識

雖然園丁有時會使用除草劑和殺蟲劑來消滅雜草和害蟲，但有些化學物質可能對環境和其他動物有害。相較之下，不噴灑藥劑、用手拔除雜草的花園，能成為有更多生物造訪的多樣化生態系統，會比噴灑藥劑有趣得多。有許多生物出沒的健康土地上，連蚜蟲等害蟲也能靠瓢蟲和小黃蜂等自然掠食者來抑制。

記錄花園訪客可以讓我們了解另一個世界，同時幫助我們了解每種生物都是生態系的一部分。從土壤裡的小蟲到昆蟲和鳥類，每種生物都有一個生態棲位，在花園的小生態系和地球的大生態系扮演一定的角色。

單元 10
豐富多元的生態系

「生態系」這個詞代表生物、環境,以及生活在同一地方的生物彼此錯綜複雜的關係。

有些生態系規模可能小到只有一棵腐爛的樹幹,但每個生態系都屬於另一個更大的生態系,例如一座島嶼、一片雨林,甚至整個地球。

各種生物都必須依靠健全的生態系才能生存。地球上的資源有限,某個生態系發生的狀況經常會影響其他生態系,有時影響性可能會遍及整個地球。

目前地球上的物種正以極高的速度消失,原因大多是人類的行為。生物學家、生態學家都在努力思考我們該做些什麼,才能讓地球這個脆弱的大生態系維持平衡,人類才得以永續生存。本單元的實驗可以讓我們進一步觀察身邊的生態系,並驚訝的發現院子裡竟然有這麼多種生物!

地洞陷阱

器材

→ 鏟子

→ 採集容器，例如杯子、桶子、罐子或塑膠容器等

→ 比採集容器稍大一點的蓋子（非必要）

→ 墊高蓋子的石塊（非必要）

→ 白色的布

→ 放大鏡

注意事項

一 不要把陷阱設置在人可能踩到的地方。

一 陰暗的地方可能會比光亮的地方更容易抓到昆蟲。

一 不要直接用手抓昆蟲，除非確定這種昆蟲不會螫咬人。

挖一個地洞陷阱，來捕捉爬行在園子裡的生物！

圖3：觀察掉入陷阱的生物。

實驗步驟

1 選擇設置地洞陷阱的地點。例如花園、大樹下和植栽附近，比較容易抓到節肢動物。

2 用鏟子挖一個深度稍微超過採集容器的洞（**圖1**）。

圖1：挖一個洞來放置採集容器。

圖2：用架高的蓋子來保護陷阱。

3 把採集容器放進洞裡，在容器周圍填滿泥土，讓周圍的泥土高於容器頂端。

4 也可以用葉子蓋住容器的邊緣。

5 如果想做個保護蓋，可以將石塊放在容器邊緣周圍，再把蓋子架在石塊上面，幫陷阱做個架高屋頂。萬一下雨的話，可以防止困在陷阱裡的生物溺水（圖2）。

6 每天檢查地洞，看看陷阱裡有什麼。輕輕的抓起來，放在白布上（圖3）。

7 如果抓到節肢動物，就用放大鏡觀察，測量約略的大小，畫在紀錄簿上。再將節肢動物放回抓到牠的地方（圖4）。

8 試著辨認節肢動物的種類。

圖4：觀察節肢動物。

創意挑戰題

選擇在不同的地方（大樹下、高高的草坪中、野花叢中，或未修剪過的草地）設置地洞陷阱，比較不同地方抓到的節肢動物有什麼不同。

生態小知識

昆蟲、蜘蛛和其他節肢動物在地球生態系中扮演相當重要的角色。牠們有些對人類有益，例如幫助植物傳遞花粉的蜜蜂，有些則對人類有害，例如會傳染萊姆病的硬蜱。

了解昆蟲數量的增減，將有助於我們協助有益的昆蟲生存，以及防治有害的昆蟲散播。此外，節肢動物是體型較大的動物的食物，所以一個區域的昆蟲數量將會影響鳥類和蝙蝠的數量。

在這個實驗中，我們可以透過地洞陷阱來觀察院子裡棲息著哪些昆蟲。生態學家也經常用地洞陷阱來研究節肢動物的數量。現在全球暖化、氣溫上升，許多節肢動物往北方遷移，人們因而會看到許多過往從沒出現過的生物。

藻類水族館

器材

→ 透明的罐子或大碗

→ 不含氯的水：瓶裝礦泉水；或把自來水放置過夜，以除去水中的氯

→ 用來取樣本的小杯子

→ 每份樣本杯加入1/8小匙的糖

→ 顯微鏡（非必要）

注意事項

一切勿讓孩童獨自靠近水邊。

檢驗水質，觀察藻類在哪裡長得最好！

圖3：再取一些水樣本。

實驗步驟

1 在幾個罐子或大碗裡，裝入一半不含氯的水（**圖1**）。

2 想想看，藻類會長在什麼地方，例如湖泊、溪流、水坑和池塘等。這個實驗也可以用來檢驗其他植物或自然物質。記得在每個罐子和碗上，標記樣本的名稱。

圖1：把不含氯的水倒進罐子裡。

圖2：取得水樣本。

3 從剛才選擇的地方取來一些水樣本，放進罐子裡，促進藻類生長（**圖2**、**圖3**）。

4 鬆鬆的蓋著或不蓋上罐子，把罐子放在有遮蔽的地方幾個星期，檢查藻類長得如何。如果罐子裡的水減少了，就加一些瓶裝礦泉水。記錄不同來源的藻類生長狀況和顏色（**圖4**）。

5 如果有顯微鏡，可以用來觀察藻類。

圖4：記錄藻類在哪裡長得比較好。

創意挑戰題

有些類型的金屬會妨礙藻類和其他微生物生長。自己設計實驗，用藻類培養罐測試各種金屬，看看金屬是否會減慢藻類的生長速度。記得準備對照樣組，把觀察到的狀況都寫在實驗紀錄簿中。

生態小知識

如果你曾經看過湖泊在一夜之間變成綠色，或許會覺得藻類是人類的敵人。如果你住在海邊，可能曾經聽過有些海洋藻類突然大量生長，形成含有致命毒素的「紅潮」。近年來，大量農業化學藥物流入湖泊和溪流中，造成藻類大量生長，形成了嚴重的生態問題。

但另一方面，也有人研究如何將這類沒有根、莖、葉的微小植物，轉而用來製造替代能源。

以上都只是從人類的觀點，若是從食物鏈的角度，藻類在地球生態系中的循環中扮演了重要的角色。植物和藻類等初級生產者會使用太陽能，以二氧化碳和水製造碳水化合物和氧。然後，魚類等消費者吃掉這些初級生產者，接下來，熊等其他消費者又吃掉這些消費者，能量就在生物間不斷轉移。要是沒有初級生產者製造食物和氧，人類就無法生存。

估算族群大小

器材

→ 捲尺

→ 木棒或園藝標示牌

→ 細繩

→ 裝蟲的容器,例如空塑膠盒

→ 實驗紀錄簿

→ 立可白或白色指甲油

注意事項

— 在有毒蛇出沒的區域,拿起石塊和圓木時請特別小心。

— 岩石、遮蓋物、小塊圓木和鋪面石底下,通常可以找到等足動物。

捕捉、標記、再捕捉!尋找鼠婦蟲之類的等足動物,研究牠們的族群數量!

圖3:用立可白或白色指甲油做標記。

實驗步驟

1 找一塊鼠婦蟲會出沒的區域,例如岩石和圓木底下(**圖1**)。

2 用捲尺、木棒和細繩測量並標記要取樣的區域。例如可以標出一塊邊長為2公尺的區域。

3 拿起這塊區域中的石塊或圓木,尋找等足動物,放進容器裡(**圖2**)。

4 用立可白或白色指甲油,輕輕的為每隻等足動物做標記(**圖3**)。

圖1：找一塊有等足動物出沒的區域。

圖2：拿起石塊尋找等足動物。

5 把石塊或圓木放回原位，再把等足動物放在附近。標記好的正方形不要移動。

6 幾天之後，回到原地再做一次取樣，記錄抓到了幾隻等足動物，並計算其中有幾隻身上有白色標記（**圖4**）。

7 把第二次取樣時抓到的有標記等足動物數量除以同樣是那天抓到的總數，再把第一次做標記的數量除以剛才計算的結果。這樣就可以知道我們採樣的區域裡，大約有幾隻等足動物了。

圖4：幾天之後，回到原地再做一次採樣，看看能抓到幾隻有標記的等足動物。

創意挑戰題

為某個國家公園設計一個「估算某生物族群大小」的實驗，包括該生物族群的詳細資料、要如何標記這種動物、要隔多久之後捕捉第二次，以及要如何運用這些資料。

生態小知識

科學家經常用這種「捕捉、標記、再捕捉」的方法來估計動物族群，例如給熊戴項圈、在蝸牛身上貼標籤等等。當我們沒辦法一隻隻捕捉和計算整個國家公園有多少動物時，這種方法特別有用。

在這次實驗中，我們捕捉並再次捕捉固定區域內的等足動物，把第一次標記的總數除以第二次捕捉時有標記的比例，就可知道族群的約略數量。

如果在1平方公尺的區域內標記了10隻等足動物，先把牠們放掉，一個星期後再回來，發現10隻中有2隻已標記（20%）。10除以0.2，就可估算出這塊區域大約有50隻等足動物。

月光下的夜間生態散步

器材

→ 當地的野生動物指南、星象圖

→ 防蟲液

→ 舒適的鞋子

→ 溫度計或有氣象軟體的手機，用來顯示溫度（非必要）

注意事項

— 團體行動，依據天氣穿適當的衣服。

— 安排在滿月或接近滿月時，看得比較清楚。

— 傍晚時出門。

— 必要時才打開手電筒。人的眼睛會自己適應環境。

— 選擇熟悉的地區，不要走到道路外，除非有請當地自然中心的導覽員帶路。

發揮夜視力，來趟月下探險！

圖4：在滿月之夜，來一趟自然散步。

實驗步驟

1 你喜歡在大草原、海邊，或是森林裡散步嗎？喜歡在夏天還是冬天散步？先調查一下，在晚上散步，可能會看到哪些動物或聽到牠們的聲音？查一下星象圖，找找看，當晚可能會出現哪些星座？

圖1：太陽快下山時，出門去探險。

圖2：我們的眼睛會漸漸適應黑暗。

2 噴上防蟲液，穿雙舒適的鞋子，太陽快下山時就出發（圖1）！

3 安靜的走，不時停下來聽聽。我們的眼睛可能需要半小時才能完全適應黑暗。天黑之後，周圍的聲音有沒有什麼變化（圖2）？

4 夏天時可以聽蟋蟀的聲音。數數25秒內有幾次蟲鳴，除以3再加上4，就是現在的攝氏溫度。而數數14秒內有幾次蟲鳴再加上40，就是華氏溫度（圖3）！和溫度計上的數字比較看看，應該會非常接近喔。

5 閉上眼睛，深吸一口氣，晚上的味道有沒有什麼不同（圖4）？

6 看看星星。找得到北斗七星或是銀河嗎？

7 仔細聽蛙鳴聲，看看能聽到幾種。

圖3：閉上眼睛聽聲音。

創意挑戰題

夜間散步時帶著紫外線手電筒，尋找地衣、蠍子和馬陸等在紫外線下會發光的螢光動植物。

生態小知識

晚上的世界跟白天不同。連我們眼睛裡的網膜細胞也會發生夜間化學變化，小鳥不再唱歌，白天看不見的生物跑了出來，夜間合唱團開始大聲鳴唱。人類的聽覺、嗅覺，甚至觸覺都發展得很好，平常很少使用，但在黑暗的夜晚就能充分發揮。

蟋蟀不只是自然界的大音樂家，也是能測量環境溫度的天然溫度計。溫度會影響蟋蟀體內進行化學反應的速度，進而影響蟋蟀鳴叫的速度。只有雄蟋蟀會鳴叫，目的是吸引雌蟋蟀和警告其他雄蟋蟀不可靠近。蟋蟀鳴叫的方式是用一邊翅膀的鋸齒狀邊緣摩擦另一邊翅膀，而且通常在溫度低於攝氏13度時就會停止鳴叫。

方塊取樣法

器材

→ 4支標示桿或冰棒桿

→ 捲尺

→ 大約5公尺長的細繩或紗線

→ 自然筆記本

→ 植物圖鑑

注意事項

一 不要選有山葛或毒櫟的地方。

一 多帶一些標示桿,以備不時之需。

在樹林間標示出一塊採樣區,用來觀察植物!

圖4:用細繩標出1平方公尺。

實驗步驟

1 選一塊想採樣的區域。對業餘生態學家而言,樹木不要太密集的地方最適合。

2 找個地方,插一支標示桿或冰棒桿。

3 在距離這支標示桿1公尺的地方,再插一支標示桿(**圖1**)。

4 在這兩支標示桿之間綁上細繩。

5 在距離這兩支標示桿1公尺的地方,分別插上兩支標示桿,形成一個正方形(**圖2**)。

6 用細繩連接標示桿,標記出大約1平方公尺的區域。這個正方形稱為「方塊區」(**圖3、圖4**)。

7 算出方塊區內的樹木和植物數目,把數字記在實驗紀錄簿。

圖1：畫出一個方塊區。

圖2：在四個角插上標示桿。

圖3：在標示桿之間綁上細繩。

生態小知識

為了估算某一特定區域內有多少植物或動物，以及在這個區域內每種生物的數量，科學家經常使用「方塊區採樣法」。科學家也會以木材或金屬來畫出方塊區，但我們這次使用的活動式方格，更適合在有樹木的區域進行。

針對不同的研究對象，需要設計不同的生態採樣方法，舉例來說，如果要研究高大的紅木族群，需要的方塊就比研究苔蘚的方塊大得多。

8 試著辨識方塊區內的樹木和植物，以及每個種類各有幾個。

9 拔起標示桿和細繩，朝任意方向走2至2.5公尺，重複步驟2至步驟8次。

10 至少在兩個方塊區採樣之後，比較採樣結果。方塊區內的植物和物種數目一樣嗎？

創意挑戰題

1. 設計看看，如何用木材或金屬來建立固定的方區。

2. 計算這次活動中發現的植物或樹木的密度。

3. 估計你所採集的整個生態系共有幾個方塊區。

單元 11
奧妙的地球科學

「洞穴」是指地下通道,「洞窟」則是指由水和熔岩造成的洞穴。

洞穴和洞窟的內部不受外面世界的干擾,滴水和火山活動會在裡面沉積礦物質,形成鐘乳石、石筍和水晶。

在墨西哥,有一座神祕的地下洞窟,走在其中就像在探勘水晶洞的內部。這個溫度極高的結晶洞穴位於地下深處,接近岩漿庫,其中有些透明晶體長度超過十一公尺。

在洞穴中,經常會棲息的生物有穴居生物、半穴居生物和洞棲生物。盲眼魚這類穴居生物一生都住在洞穴中,半穴居生物則可離開他們的地下居所,蝙蝠等洞棲生物本身居住在洞穴外,卻經常待在洞穴裡,也仰賴洞外的世界。洞穴生態系特殊的地方在於大多數洞穴都沒有陽光,因此能量極少,資源也有限。

這一單元將介紹如何用小蘇打模擬出洞穴水晶的形成過程,還會製造好玩的超冰水!

超冰水

器材

→ 自來水

→ 裝滿冰塊的大桶子或保冰袋

→ 岩鹽、海鹽或食鹽

→ 幾瓶250或500毫升的蒸餾水或礦泉水

→ 碗或盤子

注意事項

— 先打開瓶蓋再輕輕蓋好，結冰後較容易打開。

— 實驗用的水可以放進冷凍庫預冷。

— 水在瓶子裡結冰之後，必須完全解凍，才能再次冷凍。

— 可能會需要試好幾次才會成功，不要灰心，多試試看！

圖4：把超冰水慢慢倒在冰塊上。

超級冷、超級凍！
挑戰冷凍的極限！

實驗步驟

1 在桶子或是保冰袋裡裝水，裝到接近冰塊最高點才停。

2 在每15公升的冰水加入大約68公克鹽。如果不確定容器的容量，就先測量水和冰塊的容量再放進去。請記住，每3.8公升的水大約是1杯（**圖1**）。

3 清空2至3個瓶子，在瓶子上標記「自來水」，再裝滿自來水，蓋好蓋子。

4 將幾瓶水放進冰水裡，讓蓋子高於水面。這幾瓶水中至少要有一瓶自來水和一瓶蒸餾水或礦泉水（**圖2**）。

5 冷凍這幾瓶水，不時察看，等到有一瓶水完全結冰但其他還沒結冰時，就算完成，可能需要好幾個小時（**圖3**）。

6 在碗或盤子裡放幾個乾淨冰塊。

7 小心的從冰水裡拿出半結冰的瓶子，輕輕打開蓋子，如果已經結冰，就換一瓶。

圖1：將水和鹽放進容器裡。

圖2：將水瓶放進冰水裡冷卻。

8 拿到還沒結冰的水時，慢慢的把水倒在冰塊上。水成為過冷狀態時會立刻結冰，像雪泥一樣堆積起來（**圖4**）。

9 如果沒成功，把水放回去繼續冰一陣子，然後再試一次！

10 請參考第141頁，觀看我們做超冰水實驗的影片！

圖3：不時檢查瓶子沒有結冰。

創意挑戰題

用其他液體再做一次這個實驗。如果拿碳酸飲料會成功嗎？

物理小知識

水溫降低到攝氏0度時，通常會結冰，但如果沒有引發結晶的因素，水分子低於攝氏0度時，可能仍然不會結冰。在這個實驗中，因為冰塊可以從雜質上成形，所以自來水通常會最快結冰。

另外，容器內部的不平滑處也可能形成晶體。當晶體形成，或水接觸其他來源的晶體時，水分子會在種晶周圍快速形成，水隨之結冰。

在超冰水中，移動和震動也可能形成冰晶。某個點開始結晶時，其他過冷水分子也會立刻形成，產生冰塊。

器材

→ 有蓋子的塑膠容器，裡面必須裝得下兩個罐子
→ 鋁箔
→ 2個罐子
→ 熱的自來水
→ 小蘇打
→ 食用色素
→ 廚房餐巾紙
→ 湯匙或勺子

注意事項

一 石筍和鐘乳石晶體可能需要好幾星期才能形成，請耐心等候。

一 如果天氣太潮溼，實驗可能會失敗。

一 快要下雨時，用容器的蓋子保護晶洞。

用小蘇打粉製造晶體，彷彿是洞窟裡的石筍和鐘乳石！

圖5： 觀察小蘇打鐘乳石和石筍

實驗步驟

1 用鋁箔包裹塑膠容器，把容器側放，當作洞穴。

2 在兩個罐子裡，裝入熱的自來水。

3 在每個罐子裡，加入幾匙小蘇打，直到小蘇打無法繼續融化，在罐子底部沉澱為止。

4 在每個罐子裡加入幾滴食用色素，攪拌均勻，再把不加蓋的罐子放進剛剛製作的洞穴裡（圖1、圖2）。

5 裁下兩條寬約1.5公分的餐巾紙，每條紙巾從中間對摺。

6 把餐巾紙的兩端放進罐子裡，做成兩條橋。垂下的對摺處置於中央。兩條橋的兩端都要放在液體中。

7 等幾分鐘，看看液體有沒有從紙橋兩端朝中間移動。注意可能會有液體滴下來（圖3）。

8 把洞穴放在有遮蔽的地方，讓小蘇打溶液繼續滴。每隔一、兩天觀察一次。如果餐巾紙乾了，就從罐子裡舀幾匙液體淋在上面，讓液體繼續滴下來。

9 幾天之後，應該就會看到洞穴裡出現小蘇打鐘乳石（由上向下長的晶體）和石筍（由下向上長的晶體）（圖4、圖5）。

圖1：在小蘇打溶液裡加入食用色素。

圖2：把罐子放進洞穴。

圖3：會有液體從兩個罐子之間的紙橋滴下。

創意挑戰題

試試改用鎂鹽，或是其他物質加水做成的液體，來製作晶體。

圖4：洞穴中會出現鐘乳石和石筍

地球科學小知識

在洞窟中，含有礦物質的水從洞頂朝下滴，長期累積，形成類似冰柱的鐘乳石。而在滴水的鐘乳石下方，礦物質也會朝洞頂堆積，形成石筍。這類地底奇觀往往需要數千年才能形成。這個實驗能在幾天或幾星期內，製作出類似鐘乳石和石筍的晶體。

因為「表面張力」和「毛細作用」，水和溶化的小蘇打會沿著餐巾紙向上跑，越過罐子的邊緣，流到紙橋的最下端，聚集之後向下滴。一部分水分蒸發消失，形成小蘇打晶體。一段時間之後，我們就可以看到晶體朝上和朝下生長，跟洞窟中出現的一樣！

土壤淨水器

器材

→ 容量2公升的空寶特瓶
　（至少2個）

→ 罐子

→ 比寶特瓶口略大的石塊

→ 沙

→ 土壤

→ 量杯

→ 自來水

→ 一壺用紅色和藍色食用色素染
　成紫色的水

→ 青草或泥炭蘚

→ 小圓石

注意事項

一實驗完成後，如果水還是很
　濁，不要灰心。可能還要再
　過濾好幾次才會漸漸改善，
　實驗效果會因使用的沙和土
　壤而不同。

一不要喝過濾後的水。

先以食用色素「汙染」水，
再用天然的土壤過濾器將水淨化！

圖4：把紫色水倒進過濾器。

實驗步驟

1 切掉寶特瓶底部。

2 瓶口朝下，放進罐子。

3 在瓶子底部鋪一層石塊（**圖1**）。

圖1：在兩個瓶子裡各放一些石塊。

圖2：在一個瓶子裡放沙。

4 在其中一個瓶子的石塊上，鋪一層厚厚的沙（**圖2**）。

5 在另一個瓶子的石塊上，鋪一層厚厚的土壤。

6 猜猜哪個過濾器效果比較好。兩個過濾器各倒一杯（約235毫升）乾淨的自來水，看看有沒有猜對。觀察過濾後的水，將結果寫在實驗紀錄簿（**圖3**）。

7 倒掉罐子裡的水。

8 兩個過濾器各倒一杯（約235毫升）紫色水（用食用色素模擬的汙染水）。觀察過濾狀況並記下結果。

9 在過濾器中鋪上青草或泥炭蘚和小圓石，看看其他天然物質對過濾有什麼幫助。

10 倒進同量的紫色水，測試過濾效果，觀察過濾後的顏色和清澈程度（**圖4**）。

圖3：你覺得哪個過濾器的效果最好？

創意挑戰題

在其中一個瓶子的土中，種下奇亞籽或青草，測試植物的根對過濾有什麼幫助。每星期測試一次，連續測試幾星期，觀察根愈長愈長時，對過濾的效果有什麼影響。

地球科學小知識

健康的土壤在濾水器中相當重要。土壤的成分包括石塊、沙、泥巴、黏土、水、空氣和腐化植物等有機質。此外還有各種生物住在裡面，包括細菌、真菌、節肢動物和蠕蟲等。

土壤的某些成分很容易吸收和捕捉住跟水一起流進泥土的汙染物。土壤中有泥巴和黏土等微小粒子，所以也是很好的物理性過濾器。較大的粒子會被卡在土壤中，無法移動得很遠。土壤中的微生物可把汙染物分解成無害的化合物。有些細菌甚至還能分解化石燃料。

這次實驗中，我們先拿食用色素來「汙染」水，再把水倒進土壤過濾器。有些人認為沙的過濾效果比泥土好，這個實驗或許會讓他們改變想法。另外，我們也會發現，土壤無法完全濾除所有物質。因此，當人們在草地和農作物上施放化學藥劑時，必須更加小心，否則其中的化學成分會流進地下水中，造成水質汙染。

單元 12
冰雪實驗室

你知道嗎？仔細觀察雪花的中心，說不定會看到細菌的DNA！

溫度降低時，水分子的運動速度減慢，開始聚集在一起，但還需要「成核物」的協助，冰晶才能正確排列。

在高空大氣中，冰冷的水分子包裹塵土、煤灰和飄浮在空中的細菌等成核物，由成核物促使水分子依照正確形狀排列，形成冰晶。其他水分子則附著在這些初級晶體上，形成雪花。落在地面每片雪花的形狀和圖案，都受大氣狀況和溫度影響。

科學家證明，許多被風吹到高空的微生物能夠在極端狀況下存活，因此能擴散得非常遠。某些觸發冰晶形成的細菌要回到地球時，會釋出一種成核效果特別好的特殊蛋白質。至於會變成雨滴或是雪，就要看接近地面時的溫度而定。許多科學家認為，飄浮在空中的微生物可能會影響雲的形成和天氣。

這個單元將會介紹幾個可以在冬天或夏天做實驗的點子。試著融化雪，看看低溫如何使化學反應減慢，或是製造一座雪火山，還有嘗嘗楓糖漿做的糖果，以及親手製作冰淇淋！

冰淇淋拋接遊戲

器材

→ 475毫升（2杯）牛奶

→ 475毫升（2杯）鮮奶油

→ 100公克（1/2杯）糖

→ 30毫升（2大匙）香草精

→ 容量0.5公升或1公升的冷凍夾鏈袋

→ 容量3.8公升的冷凍夾鏈袋

→ 1大包冰塊

→ 576公克（2杯）食鹽

→ 毛巾

注意事項

一如果冰淇淋一直沒有結冰，攪拌均勻，在外袋多加一些鹽和冰塊，繼續拋接5至10分鐘。

用「熱轉移」的科學原理，一邊運動，一邊做出美味的點心！

圖5：你丟我接真好玩。

實驗步驟

1 把牛奶、鮮奶油、糖和香草精放進碗裡，攪拌均勻，做成冰淇淋漿。

2 把1杯冰淇淋漿（約235毫升）放進冷凍夾鏈袋（圖1），擠出空氣，封緊夾鏈袋。把小袋冰淇淋漿放進另一個小冷凍夾鏈袋，同樣擠出空氣後封緊。把套了兩層袋子的冰淇淋漿放進大冷凍夾鏈袋，在大夾鏈袋裡裝滿冰塊。

3 在大夾鏈袋裡的冰塊上倒入150g鹽，封好大夾鏈袋（圖2）。

4 用毛巾包住冰塊袋，放進另一個大冷凍夾鏈袋後封緊（圖3）。

5 用這袋冰塊和冰淇淋漿玩拋接遊戲，持續10至15分鐘（圖4、圖5）。

圖1：把1杯冰淇淋漿（約235毫升）放進冷凍夾鏈袋。

圖2：把裝袋的冰淇淋漿放進裝有冰塊和鹽的大夾鏈袋。

圖3：用毛巾包住冰塊袋，放進另一個大夾鏈袋。

圖4：用這袋冰淇淋漿玩拋接遊戲。

圖6：從外袋取出冰淇淋漿。

圖7：嘗一嘗科學實驗的成果。

6 從外袋取出冰淇淋漿，開始享用冰淇淋吧（圖6、圖7）！

7 用剩餘的冰淇淋漿再做一次以上步驟。也可以把冰淇淋漿放在冰箱裡，下次再用。

創意挑戰題

試著減少加在冰塊上的鹽，使冰淇淋慢一點結冰。對口感有什麼影響？

物理小知識

製作冰淇淋可以學習「熱轉移」和「結晶」的觀念。水是液態的冰，我們在冰塊上加鹽之後，鹽會降低水的冰點，使冰塊融化，變成溫度低於正常冰點（攝氏0度）的液體。

在這次實驗中，加鹽可使冰塊融化，變成非常冷的混合物。熱會從較熱的地方流到較冷的地方，所以熱從冰淇淋漿轉移到冰鹽水，使冰淇淋漿裡的水形成冰晶。

冰淇淋的結冰速度和成分不同，冰晶的大小也不一樣。如果我們讓冰淇淋漿很快結冰，冰晶會很大，冰淇淋吃起來口感沙沙的。如果先搖晃冰淇淋漿，再加入吉利丁等成分，促使較小的晶體形成，冰淇淋就會變得比較綿密！

楓糖甜蜜蜜

器材

→ 乾淨的新雪

→ 寬型容器或平底鍋（非必要）

→ 235毫升（1杯）純楓糖漿

→ 小平底鍋

→ 糖果溫度計

→ 有嘴耐熱容器

→ 叉子

→ 木棒或烤肉叉

注意事項

— 加熱時務必請大人陪同，小心燒燙傷。

— 等糖果完全冷卻之後才可以試吃。

— 用純楓糖漿製作效果最好。

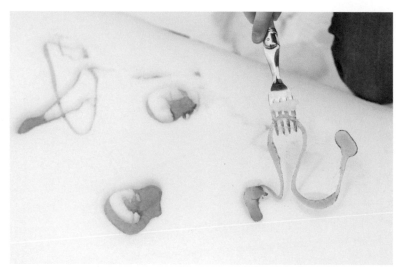

加熱、蒸發、再放進雪中快速冷卻，用楓糖漿做出好看又好吃的造型糖果！

圖4：用叉子拿起雪上的楓糖。

實驗步驟

1 到戶外找一個積雪大約15至20公分深的地點，或是在寬型容器中，裝入8至10公分深的新雪。

2 用小平底鍋把楓糖漿煮滾，不斷攪拌，直到溫度為攝氏113至116度（軟球狀態），從沸騰開始到這個狀態大約需6分鐘（圖1）。

3 把楓糖漿移開爐火，小心的倒進量杯之類的有嘴耐熱容器中。

4 把黏稠的糖漿倒在雪上，讓糖漿凍結，做成各種形狀。可以直接倒在室外的雪上，也可以倒在放進容器的雪上（圖2、圖3）。

5 硬化之後，用叉子拿起來（圖4、圖5）。

6 可以馬上試吃，也可以等軟一點，再纏在叉子或烤肉叉上。

圖1：用小平底鍋把楓糖漿煮滾。

圖2：把糖漿倒在雪上，做成各種造型。

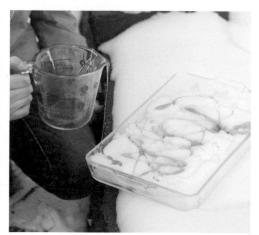
圖3：也可以把雪裝在烤盤裡。

圖5：形狀固定了嗎？

創意挑戰題

1. 試著在不同的溫度下倒出楓糖漿，比較雪糖的口感、色彩和硬度有什麼不同。

2. 可以用糖蜜或玉米糖漿等材料做出相同的實驗嗎？

3. 試著自己製作楓糖漿。

物理小知識

煮滾樹汁，使大部分水分蒸發後，就可以製做楓糖漿。蒸發之後，留下來的糖漿成分大多是蔗糖，但也含有少量葡萄糖和果糖。

樹汁裡還有其他有機化合物，所以每個地區的糖漿都有獨特的風味。春天還很冷時，採到的糖漿通常顏色比較淺，風味比較溫和。天氣漸漸溫暖時，微生物使糖漿裡的糖發酵，所以顏色比較深，味道也比較濃烈。

在這個實驗中，我們要加熱楓糖漿，讓更多水分蒸發，形成過飽和溶液。這種溶液所含的糖分子比在室溫下蒸發時更多。

我們把過飽和糖水倒在雪上時，糖漿會快速冷卻，形成糖晶，使糖變成柔軟的半固體狀。把糖漿加熱到更高的溫度，會使更多水分蒸發，冷卻的糖漿中就會產生更多晶體，因此更硬更難咬。如果仔細的將楓糖漿中的水分全都蒸發掉，就可得到純楓糖晶體。

融雪的祕密

器材

→ 1至2個桶子或大型塑膠容器

→ 雪

→ 量尺或長尺

→ 自然筆記本

→ 透明玻璃杯或罐子

注意事項

一切勿讓孩童獨自靠近水邊。

一不要喝融化的雪水。

採集一桶雪，
看看白雪裡面有些什麼！

圖2：測量雪有多深。

實驗步驟

1 把雪裝進桶子。搖晃幾下，讓雪均勻分布，但不要特別向下壓（**圖1**）。

2 把雪裝進另一個桶子（非必要），壓緊，讓雪均勻分布。

3 用量尺量一下每個桶子裡的雪有多深，記在實驗紀錄簿（**圖2**）。

4 把桶子拿到室內，等雪融化。

圖1：把雪裝在桶子裡。

圖3：測量雪融化後的深度。

5 雪全部融化成水之後，測量水有多深，記在步驟3的結果旁邊（**圖3**）。

6 把一些水倒在透明玻璃杯或罐子裡，看看水的透明程度。記下觀察結果或拍張照片，貼在本子裡（**圖4**）。

圖4：看看雪水融化後的乾淨程度。

創意挑戰題

1. 用雪水培養製作細菌培養基。看看會長出哪些微生物。

2. 檢驗不同時間降下的雪，比較水的成分。

地球科學小知識

「雪晶」是指雲中的水氣在種晶表面結冰時，形成的冰單晶，而種晶經常形成在微生物或塵土表面。一片雪花往往包含了好幾個黏在一起的雪晶。雪晶有時會形成更大的團塊，變成龐大鬆軟的雪花。

溫度和溼度都會影響雪花的模樣。有些雪花有很長的羽毛狀分支，有些則是呈較小的圓盤狀，但因為水分子的物理性質影響，雪花一定有六個邊。

雪晶的形狀、天氣和雪花降落的地面，都會影響有多少空氣被包進雪堆裡面。而積雪中的空氣量，將會影響雪的體積以及所占的空間。

雪融化時，包裹在裡面的空氣排出，所以雪的體積會大於雪融化後形成的雪水。

雪火山

器材

→ 235毫升（1杯）醋

→ 容量500毫升的空寶特瓶

→ 食用色素

→ 紙漏斗或紙杯

→ 55公克小蘇打

→ 雪

注意事項

一醋可能會刺激眼睛。

用醋和小蘇打，變出一座會噴發熔岩的雪火山！

圖4：雪火山出現了！

實驗步驟

1 把醋倒進寶特瓶。

2 在醋裡面加幾滴食用色素（圖1）。

3 做一個紙漏斗，或捏扁紙杯的杯口，製成容易倒水的容器。

4 如果使用紙漏斗，請用杯子量取小蘇打，如果沒有紙漏斗，就把小蘇打直接放進步驟3 的紙杯裡。

圖1：把醋和食用色素加入寶特瓶。

圖2：把小蘇打快速的倒進火山口。

5 到室外去，把寶特瓶放在地上，瓶口朝上。用雪在寶特瓶周圍堆成一堆，讓它看起來像火山一樣。

6 用紙漏斗或是紙杯迅速的把小蘇打倒進寶特瓶，接著趕快退後（**圖2**、**圖3**、**圖4**）！

圖3：迅速拿走漏斗。

創意挑戰題

1. 試試看，用溫的醋做這個實驗。

2. 用大寶特瓶做這個實驗，計算一下需要多少小蘇打和醋，才能讓更大的寶特瓶產生噴發效果。

化學小知識

兩種物質（例如小蘇打和醋）混合在一起時，往往會出現化學反應，產生新的物質。小蘇打的化學名稱是碳酸氫鈉，而醋中含有醋酸。

小蘇打和醋混合後產生的物質是二氧化碳氣體。加入小蘇打後，寶特瓶內的壓力快速增加，而二氧化碳唯一的出路就是瓶口。二氧化碳衝出的力量足以克服重力，因此會帶著液體噴向空中，再被重力拉回地面。

在冰島，有許多活火山埋在雪裡、冰裡，甚至冰河下。火山噴發時，火山灰通常會先蓋在雪上，熔岩接著到達。高熱的熔岩碰到冰雪時，高熱的蒸汽也會噴到空中。有些科學家認為，熔岩在冰上流動的速度其實比在陸地上更快呢！

雪地氣球

器材

→ 相同的空寶特瓶兩個

→ 160毫升（2/3杯）醋

→ 相同的中型氣球兩個

→ 湯匙或紙漏斗

→ 28公克（6小匙）小蘇打

→ 有嘴的量杯（非必要）

用充氣比賽測試，
哪種化學反應
吹氣最快！

圖4：看看哪個氣球充氣比
較快。

注意事項

— 需要兩個人一起做，才能讓
兩邊的化學反應同時開始。

— 醋可能會刺激眼睛，微波時
請小心。

— 幼童將小蘇打裝進氣球時，
可能會需要協助。

實驗步驟

1 一個寶特瓶標示「熱」，另一個標示「冷」。

2 在標示「冷」的寶特瓶加入1/3杯（約80毫升）醋。把寶特瓶放在室外的雪中，或放進
冷凍庫降溫30分鐘。

3 「冷」寶特瓶冷凍30分鐘後，用微波爐加熱其餘1/3杯（約80毫升）醋30秒，讓醋變
熱，但不用太燙。把醋倒進另一個標示「熱」的寶特瓶中。

4 拉一拉氣球，讓氣球鬆弛一點。用湯匙或紙漏斗仔細的量取小蘇打，每個氣球放進3小
匙（共約14公克）。搖晃氣球，讓小蘇打落到氣球底部（**圖1**）。

圖1：把小蘇打裝進氣球。

圖2：把裝好小蘇打的氣球套在寶特瓶口。

5 把兩個寶特瓶和裝好小蘇打的氣球拿到室外。把氣球套在寶特瓶口，小心不要讓小蘇打掉進寶特瓶（圖2）。

6 一個人負責一個寶特瓶。兩人同時把小蘇打倒進寶特瓶中，讓化學反應開始進行。當二氧化碳充進氣球時，將氣球固定在寶特瓶口（圖3）。

7 看看哪個氣球充氣比較快（圖4）。

圖3：把小蘇打倒進寶特瓶。

創意挑戰題

1. 想想看，為什麼必須使用一樣大的瓶子和一樣多的反應物來做這個實驗？

2. 以結冰的醋當成變數，再做一次這個實驗。還有什麼因素可以改變反應速度？

3. 多做幾次。在反應開始後5秒、10秒、15秒和30秒同時拿起氣球後綁起來。測量氣球的重量或大小，計算二氧化碳量在不同時間點的差異。

化學小知識

不同分子混合在一起形成新物質的過程，稱為「化學反應」。我們把碳酸氫鈉（小蘇打）跟稀醋酸（醋）混合在一起時，會產生二氧化碳。在這個實驗中，二氧化碳氣體被封在寶特瓶裡，由氣體膨脹的壓力把氣球撐大。

加熱物質時，分子的運動速度會開始加快，彼此碰撞的頻率和能量都變大。大多數化學反應發生時，分子必須移動得夠快，才能以足夠的能量彼此碰撞，這個能量稱為「活化能」。

把加熱過的醋加進小蘇打時，化學反應發生得非常快，因此氣球充氣的速度也比使用冷醋時快上許多！

謝謝你們！

赫索爾　凱特　露西　凱姆　莎拉　莉莉　葛雷　賽拉　黛絲

史嘉蕾　艾拉　伊娃　諾拉　艾吉　凱瑟琳　莉莉　麗麗　雅拉

米娜　阿雅娜　達雅　瑪雅　艾薩克　諾克斯　布里斯托　艾蜜莉　肯達爾

史提芬　米凱拉　威雅特　歐文　伊蓮娜　葛蕾絲　查理　葛蕾絲　瑪麗魯斯

法蘭西斯　克蕾兒　喬治　傑克　康諾　詹姆士　艾蜜莉　愛普爾　威爾

山姆　尼克　克蘿伊　萊恩　湯姆　赫瑪　拉娜　凱特　娜塔莉

艾拉　卡羅　恩佐　賽斯　克里斯多福　山姆　凱拉　莎拉　卡莉莎

莫莉　蘇菲亞　吉妮瓦　查理　約翰　喬琪雅　伊蓮娜　梅伊　海莉

外文線上資源

太空和地球科學
www.nasa.gov

蝴蝶
www.monarchwatch.org
en.butterflycorner.net

土木科學
scistarter.com

大氣科學
climate.nasa.gov
climatekids.nasa.gov

蚯蚓
www.greatlakeswormwatch.org

淡水無脊椎動物
www.vitalsignsme.org/macroinvertebrates
www.stroudcenter.org

基礎化學
https://www.acs.org/content/acs/en.html

苔蘚
www.youtube.com/watch?v=Z9AdP1PoImE

植物辨識
www.leafsnap.com

火箭科學
www.jpl.nasa.gov/edu
www.nasa.gov/audience/forkids/kidsclub/flash/index.html

太陽
solarscience.msfc.nasa.gov
www.northernlightscentre.ca

蝌蚪
www.pwrc.usgs.gov/tadpole

超冰水影片
www.youtube.com/watch?v=XWR5d7C0hZs

水熊蟲影片
www.youtube.com/watch?v=H5nnrWuyHAU

波動科學影片
www.youtube.com/watch?v=z-_4k5y7Vjg

致 謝

沒有我的家人和朋友，這本書不可能完成。我尤其要謝謝以下諸位：我的科學顧問Ron Lee。本書有幾項實驗出自他的提議，書中與物理有關的說明也經過他審閱，確認完全正確。他不僅才華洋溢，而且是我的老爸。

我的孩子Sarah、May和Charlie，以及我的先生Ken，他們協助我拍了許多照片，而且一整個夏天都住在一棟很像搞砸的科學展覽的房子裡。

Holly Lipelt和Lali Garcia DeRosier跟我分享了她們學生最喜歡做的生物實驗。Raychelle Burks協助審閱書中關於護唇膏的化學說明。我的顧問Greg Heinecke讓我了解學校教師對科學實驗書籍的需求。

謝謝明尼蘇達州布魯明頓的理查森自然中心。我們在這裡和自然學家Heidi Matheson Wolter一起捕捉昆蟲，還跟自然學家Pauline Bold一起在滿月下健行，謝謝Michael Gottschalk為我們安排這些活動。

我們社區的帝王斑蝶大師Marion McNurlen，她每年夏天都在門廊飼養琳瑯滿目的蝴蝶，讓我們更有興趣進一步了解蝴蝶面臨的困境。

謝謝明尼亞波里斯的拜肯電磁博物館讓我們在泉水裡抓蝌蚪。

永遠笑容滿面、神采奕奕的攝影師安柏．普洛卡西尼，她不怕泥巴、小蟲和崎嶇的土地，為本書拍攝許多精采的照片。

謝謝Jennifer、Karen、Tim和Molly讓我們帶著一群小小實驗家走進他們的院子裡探索科學。

謝謝許多聰明、有趣、令人驚奇又美好的孩子們，他們的微笑為本書增添了許多光彩。

感謝Jonathan Simcosky、Renae Haines、David Martinell、Katie Fawkes、Lisa Trudeau以及Quarry Books團隊所有成員的協助、耐心和創意。

最後要謝謝我媽媽Jean Lee，她每次都讓我跑出去玩。

作者／莉茲‧李‧海涅克（Liz Lee Heinecke）

海涅克第一次觀察毛毛蟲時，就愛上了科學！

海涅克畢業於美國路德大學，主修藝術和生物，後來在威斯康辛大學麥迪遜分校取得細菌學碩士學位。她從事分子生物研究數十年後，離開實驗室，走進新的人生階段，成為專職媽媽。不久之後，她發現三個小孩跟她一樣喜愛科學，並在她的鍋碗瓢盆科學家網站（Kitchen Pantry Scientist website）發表親子一起做過的實驗和探險。

海涅克成為受歡迎的科普推廣人，經常出現在電視上，並出版她的第一本書《廚房科學實驗室》（*Kitchen Science Lab for Kids*）。如果沒有帶小孩出門，她通常會在家裡做實驗、寫作、唱歌、彈斑鳩琴、畫畫、跑步，以及盡可能裝忙來逃避做家事。

攝影／安柏‧普洛卡西尼（Amber Procaccini）

住在美國明尼蘇達州，是知名的攝影師。她擅長拍攝孩子、食物和旅行風景，其實，她尋找完美塔可餅的熱情不亞於攝影。普洛卡西尼和海涅克合作愉快，因為她們都喜歡醃小黃瓜、肉醬跟布里乳酪。普洛卡西尼不是在拍攝翻白眼的青少年，就是在想辦法讓乳酪漢堡看起來更好吃，不然就是跟先生在旅行冒險的路上。

知識館 9

STEAM 科學好好玩：

史萊姆、襪子離心機、野餐墊相對論……隨手取得家中器材，體驗 12 大類跨領域學科，玩出科學腦

Outdoor Science Lab for kids: 52 Family-Friendly Experiments for the Yard, Garden, Playground and Park

小麥田

作　　　者　莉茲・李・海納克（Liz Lee Heinecke）
攝　　　影　安柏・普洛卡西尼（Amber Procaccini）
譯　　　者　王翎、甘錫安
審　　　定　張如芳
美 術 設 計　翁秋燕
校　　　對　修康
責 任 編 輯　汪郁潔

國 際 版 權　吳玲緯　蔡傳宜
行　　　銷　艾青荷　蘇莞婷　黃家瑜
業　　　務　李再星　陳玫潾　陳美燕　枊幸君
副 總 編 輯　巫維珍
編 輯 總 監　劉麗真
總 經 理　陳逸瑛
發 行 人　凃玉雲
出　　　版　小麥田出版
　　　　　　10483 台北市中山區民生東路二段 141 號 5 樓
　　　　　　電話：(02)2500-7696
　　　　　　傳真：(02)2500-1967
發　　　行　英屬蓋曼群島商家庭傳媒股份有限公司
　　　　　　城邦分公司
　　　　　　10483 台北市中山區民生東路二段 141 號 11 樓
　　　　　　網址：http://www.cite.com.tw
　　　　　　客服專線：(02)2500-7718 ｜ 2500-7719
　　　　　　24 小時傳真專線：(02)2500-1990 ｜ 2500-1991
　　　　　　服務時間：週一至週五 09:30-12:00 ｜ 13:30-17:00
　　　　　　劃撥帳號：19863813　　戶名：書虫股份有限公司
　　　　　　讀者服務信箱：service@readingclub.com.tw
香港發行所　城邦（香港）出版集團有限公司
　　　　　　香港灣仔駱克道 193 號東超商業中心 1 樓
　　　　　　電話：+852-2508-6231
　　　　　　傳真：+852-2578-9337
　　　　　　電郵：hkcite@biznetvigator.com
馬新發行所　馬新發行所 城邦（馬新）出版集團【Cite(M) Sdn. Bhd. (458372U)】
　　　　　　41, Jalan Radin Anum, Bandar Baru Sri Petaling,
　　　　　　57000 Kuala Lumpur, Malaysia.
　　　　　　電話：+603-9057-8822
　　　　　　傳真：+603-9057-6622
　　　　　　電郵：cite@cite.com.my
麥田部落格　http:// ryefield.pixnet.net
初　　　版　2018 年 8 月
售　　　價　399 元

Outdoor Science Lab for kids: 52 Family-Friendly Experiments for the Yard, Garden, Playground and Park
Copyright ©2016 Quarto Publishing Group USA Inc.
Text © 2016 Liz Lee Heinecke
Photography © 2016 Quarto Publishing Group USA Inc.
This edition is published by arrangement with Quarto Publishing with Quarto Publishing Group USA Inc.
Complex Chinese translation © 2018 by Rye Field Publications, a division of Cite Publishing Ltd.
Printed in China
All Rights Reserved.

國家圖書館出版品預行編目 (CIP) 資料

STEAM 科學好好玩：史萊姆、襪子離心機、野餐墊相對論……隨手取得家中器材，體驗 12 大類跨領域學科，玩出科學腦 / 莉茲・李・海納克 (Liz Lee Heinecke) 作；王翎，甘錫安譯 . -- 初版 . -- 臺北市：小麥田出版：家庭傳媒城邦分公司發行，2018.08
面；　公分 . -- (知識館；9)
譯自：Outdoor science lab for kids : 52 family-friendly experiments for the yard, garden, playground, and park
ISBN 978-986-95636-6-6 (精裝)
1. 科學實驗 2. 通俗作品

303.4　　　　　　　　107004741

城邦讀書花園
www.cite.com.tw
書店網址：www.cite.com.tw